图说猪高热病及其防治

陈健雄　编著

金 盾 出 版 社

内 容 提 要

本书由中国农机学会机械化养猪协会理事长陈健雄精心编著，以图文结合、全彩印刷的形式介绍了目前困扰我国养猪业的严重疫病——猪高热病的防治技术。内容包括：猪高热病在我国的流行概况，猪高热病的病因、流行病学特点、临床症状与病理变化、诊断、预防与控制等。本书具有形象直观、重点突出、科学实用的特点，适合规模化养猪场技术人员、养猪专业户以及各大专院校相关专业师生阅读参考。

图书在版编目(CIP)数据

图说猪高热病及其防治/陈健雄编著．—北京：金盾出版社，2008.1
ISBN 978-7-5082-4797-7

Ⅰ．图… Ⅱ．陈… Ⅲ．猪病：传染病-防治-图解
Ⅳ．S852.65-64

中国版本图书馆 CIP 数据核字(2007)第 177617 号

金盾出版社出版、总发行
北京太平路 5 号(地铁万寿路站往南)
邮政编码：100036 电话：68214039 83219215
传真：68276683 网址：www.jdcbs.cn
封面印刷：北京印刷一厂
正文印刷：北京金盾印刷厂
装订：永胜装订厂
各地新华书店经销

开本：787×1092 1/32 印张：3.125 字数：35 千字
2008 年 10 月第 1 版第 3 次印刷
印数：20001—28000 册 定价：10.00 元

前　言

2006～2007年对于我国的养猪业来说，是不同寻常的时期，生猪价格大幅度波动，被称为“养猪史上的严重灾难”的猪高热病在我国许多省份大面积流行，给我国生猪养殖业造成了巨大的经济损失，极大地挫伤了养猪生产者的积极性。目前，猪高热病已成为养猪业发展最主要的障碍，如何较有效地预防和控制该病的流行和发展、减少猪场经济损失是兽医工作者面临的主要任务。

为此，笔者根据在临床实践中探索出的较为成功的经验和成果编写成此书，希望能为猪场有效预防和控制猪高热病提供有益的帮助。

本书图文并茂，以通俗的语言文字、丰富的照片，翔实地描述了猪高热病的临床症状与肉眼可见的病理变化，并介绍了如何采取猪场常用的简单实用的措施在现场诊断、预防和控制猪高热病。本书立足普及、注重实用，尽量避免使用专业术语，以使广大从事猪病防治的兽医与养殖户看得懂、学得会和做得到，同时也可作为基层兽医工作者和畜牧兽医专业院校师生的参考用书。

本书所选用的照片大部分由笔者在疫区现场拍摄，部分照片由樊福好博士、姚龙涛研究员、宋长绪博士、邹海棠老师、李衡良等提供，在此一并致谢。

由于编写时间仓促，笔者水平有限，书中不妥之处在所难免，敬请广大读者批评指正。

陈健雄
2007 年 11 月

目　　录

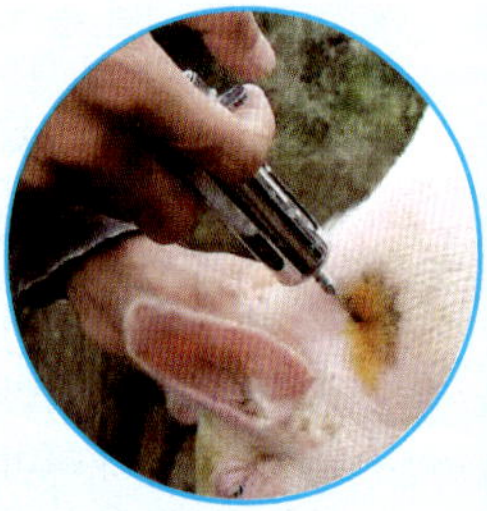

第一章　猪高热病在我国的流行概况

从 2006 年 5 月份开始，我国华南地区的一些养猪密集县（市），开始流行一种以高热、厌食、嗜睡等为主要症状的急性、热性、高致病性和致死性的猪高热病（图 1-1），随后疫情迅速向华东、中南地区传播。发病的地区首先从饲养肥育猪的专业户开始，进入秋季，在某些规模化猪场肆虐，造成这些猪场猪的死亡率升高，经济损失严重。秋冬季节，疫情迅速向西、北方各地延伸，并逐渐扩散和蔓延到我国的大部分地区。2007 年春天，发生过本病的一些老疫区又重新暴发，并且一些新疫区也出现流行。本病具有传播区域广、传播速度快、发病率和死亡率高、治愈率低等特点，其危害之严重，流行面积之大，传播之迅猛，在过去的几十年中几乎是绝无仅有的。造成猪只大量死亡，养猪界谈“热”色变，许多地区的猪场业主和技术人员处于极度恐慌状态，给各地的养猪生产带来了严重的损失，加上境内外媒体的炒作，给一些地区的社会稳定带来了一定的负面影响，国内外畜牧兽医界对疫情给予高度关注。我国国务院和农业部高度重视猪高热病，农业部先后 2 次向联合

图 1-1　病猪体温升高、厌食、嗜睡

国粮农组织（FAO）、世界动物卫生组织（OIE）和我国港澳台地区通报了有关情况，并于2007年3月28日发出农医发［2007］10号《关于做好2007年猪病防控工作的通知》，通知中指出“疫情主要是由高致病性猪蓝耳病引起的”。

目前，猪高热病的流行范围已涉及我国的东、西、南、北、中各地。据农业部副部长高鸿宾2007年10月29日介绍：截至2007年10月25日，全国共有26个省份的304个县发生了高致病性猪蓝耳病。全国先后共有1 030个猪蓝耳病疫点，发病猪310 134头，死亡81 030头，扑杀235 380头，给我国养猪业造成了巨大的经济损失（图1-2）。

图1-2 死亡猪只堵塞排水沟

第二章　猪高热病的病因

一、猪高热病的病原

猪高热病的病因特别是病原已成为兽医学术界、养猪界关注的焦点，许多科研机构、院校的专家为此做了大量的工作。根据实验室研究表明，引起本病的主要病原为变异的猪蓝耳病病毒（PRRSV），又称猪繁殖与呼吸综合征病毒。

目前，猪蓝耳病病毒有美洲VR-2332株、欧洲LV株和中国HB-1sh株，高致病性猪蓝耳病病毒是中国HB-1sh的变异株。中国动物疫病预防控制中心实验室对分离的高致病性猪蓝耳病病毒毒株全序列测序表明：病原的基因序列变化主要是在Nsp2区缺失了30AA，其中仅在一段基因序列中就连续缺失了29AA。病毒变异株与2002年中国分离株HB-1sh的同源率是97.1%～98.2%，与美洲VR-2332株、欧洲LV株的同源性分别为93.2%～94.2%和63.4%～64.5%。与其他蓝耳病病毒相比，该病毒Nsp2的481位和532～560位缺失30个氨基酸（图2-1）。

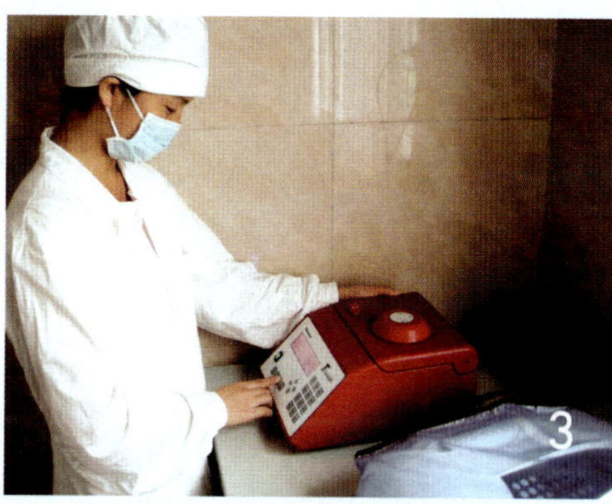

图2-1　高致病性猪蓝耳病病毒毒株全序列测序

我国农业部于2007年3月28日明确指出："猪高热病疫情主要是由高致病性猪蓝耳病引起"，并制定了《高致病性猪蓝耳病防治技术规范》，病原学指标规定："高致病性猪蓝耳病病毒分离鉴定阳性或高致病性猪蓝耳病病毒反转录-聚合酶链式反应（RT-PCR）检测阳性，即可确诊为高致病性猪蓝耳病"。虽然兽医界对此有不少争议，但目前还没有充分的证据证实有其他新病原存在（图2-2）。

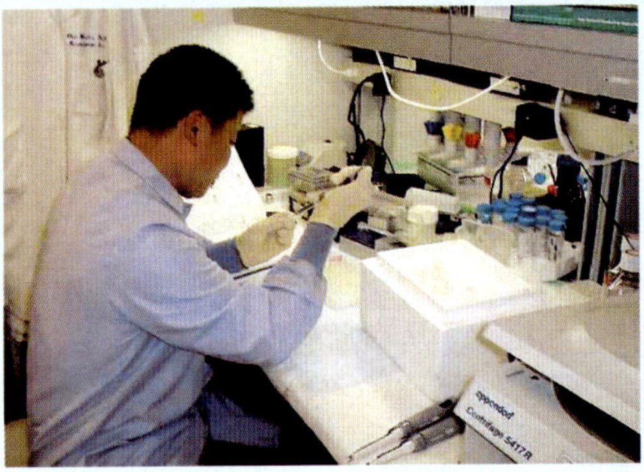

图2-2　高致病性猪蓝耳病的实验室检测

因此，猪高热病的病原主要为高致病性猪蓝耳病病毒，同时可能发生细菌、支原体属（包括肺炎支原体、附红细胞体）、寄生虫（弓形虫等）的混合感染和继发感染。细菌感染较为复杂，真菌毒素的危害普遍存在，在病毒或真菌毒素、不良饲养条件等多个免疫抑制因素共同作用下，导致猪群免疫失败，引起急性、热性、高致病性和致死性的传染性疾病（图2-3）。

图2-3　猪只大批发病

猪蓝耳病、猪圆环病毒病等免疫抑制性疾病以及真菌毒素、不良饲养管理引起的应激反应等主要导致猪只机体的免疫功能和抵抗力降低，猪只注射疫苗后抗体水平仍然较低，易诱发猪瘟病毒、猪伪狂犬病病毒、牛病毒性腹泻-黏膜病病毒、猪流感病毒、多杀性巴氏杆菌、猪副嗜血杆菌、猪链球菌-Ⅱ型、猪胸膜肺炎放线性杆菌、大肠杆菌、霍乱沙门氏菌、支原体属（包括肺炎支原体、附红细胞体）、弓形虫等多种病原混合感染或继发感染，造成死亡猪只增多，大部分发病猪场损失惨重（图 2-4）。许多猪场病死猪同时存在多种病原，也有个别猪场以 2～3 种病原为主。

图 2-4　多病原混合感染使猪场损失惨重

二、诱发猪高热病的因素

第一，对猪群保健工作重视程度不足。许多中、小型猪场为了节约成本，减少了猪群药物保健、消毒、驱虫和疫苗接种的内容，加上猪场消毒措施、保健程序、免疫程序和疾病监测程序不规范等，增加了病原微生物感染和传播的

机会，为猪高热病的暴发埋下了隐患（图 2-5）。

图 2-5　不重视猪群保健导致猪只抵抗力下降

第二，营养因素。许多猪场为了节约成本，使用质量较差的饲料原料，饲料品质差、营养不足或营养成分不平衡导致代谢疾病，猪群营养不良；加上夏秋季节天气较为炎热，导致饲料中维生素等营养成分氧化而失效；部分饲料铜含量严重超标，高铜氧化破坏维生素营养，导致猪群对疾病的抵抗力降低（图 2-6）。

第三，随着全球气候变暖、洪涝灾害的频繁发生，玉米收购、加工和饲料贸易方式的改变，饲料贮存和运输时间延长，为饲料中真菌的生长和真菌毒素的产生创造了良好的条件，猪只摄入真菌毒素后，产生免疫抑制，导致疫苗接种效果不理想，猪群抗体偏低（图2-7）。目前，猪场使用的真菌毒素吸附剂大部分只能吸附黄曲霉毒素，对玉米赤霉烯酮、单端孢霉烯（T-2 毒素）、呕

图 2-6　饲喂质量差的饲料易诱发猪高热病

吐毒素、赭曲霉毒素、烟曲霉毒素（伏马酸）等的吸附效果差，因而一些猪场虽然已用了真菌毒素吸附剂，但仍没有起到应有的作用。

图 2-7　饲料中的真菌毒素易诱发猪高热病

第四，许多猪场猪舍饲养密度过高、通风能力低、卫生条件差，引种频繁，猪只来源复杂，猪群容易发生应激而引起抵抗力下降（图 2-8）。

图 2-8　饲养管理不良引起猪群抵抗力下降

第五，部分猪场经常注射或在饲料中超量添加利巴韦林、金刚烷胺等抗病毒药物或磺胺类等毒副作用较大的抗菌药物，导致猪群中毒或抵抗力下降（图 2-9）。

图 2-9　滥用药物导致猪群中毒或抵抗力下降

三、猪蓝耳病病毒及其变异性

（一）猪蓝耳病病毒

1.猪蓝耳病的主要特征　猪蓝耳病（Porcine reproductive and respiratory syndrome，PRRS)是由猪蓝耳病病毒引起的猪的一种高度接触性传染病，不同年龄、品种和性别的猪均能感染，但以妊娠母猪和1月龄以内的仔猪更易感染。以发病母猪厌食、发热，妊娠后期发生流产，死胎、弱胎和木乃伊胎明显增加，母猪再发情推迟等繁殖障碍，仔猪的呼吸道症状、败血症、高死亡率以及猪群出现免疫抑制为主要特征。目前，该病在我国广泛存在，已是我国危害猪的主要疫病之一，给养猪业造成了巨大的损失。

2.猪蓝耳病的流行情况　猪蓝耳病最早于1987年在位于美国中西部的北卡罗来纳州首次暴发。1988年在加拿大发生，然后向世界各地迅速蔓延。1990年11月份德国暴发该病，很快蔓延至邻近的荷兰（1991年）、比利时（1991年）、西班牙，以及英国（1991年）、法国（1991年）等欧洲国家；1992年希腊、澳大利亚相继暴发；亚洲地区的日本于1993年首次分离到猪蓝耳病病毒，菲律宾、朝鲜和韩国在1993年也证实有该病存在。目前，该病已在全球范围内传播、蔓延，一度被称为“神秘病”、猪不孕和流产综合征或猪流行性流产和呼吸综合征。1990年，Collins等人用自然病例组织匀浆过滤后，在生猪中进行回归试验，诱导出呼吸障碍综合征，确认病原体为病毒；1991年荷兰兽医Terpstra等人在荷兰Lelystad的中央兽医研究所，利用肺泡巨噬细胞（PAMS）分离到1株诱发猪繁殖障碍综合征的病毒，被确定为Lelystad病毒（LV），1992年欧盟提议将其命名为猪繁殖与呼吸综合征。1992年5月份在美国明尼苏达州召开此病的首次国际会议上，统一命名为猪繁殖与呼吸综合征。1992年5月份，国际动物卫生组织（OIE）将其列为B类传染病。1995年，国际病毒分类委员会（ICTV）将本病毒归属于套式病毒目（Nidovirales）、冠状病毒科（Coronaviridae）、动脉炎病毒属（Arterivirus）的1个成员（图2-10）。

图2-10　猪蓝耳病病毒形态

我国原本没有猪蓝耳病，1991年台湾地区首先报道该病的发生。1995年，中国农业科学院哈尔滨兽医研究所和广州动植物检疫局分别在北京某猪场和广东某猪场从加拿大引进的杜洛克种猪中首次分离到猪蓝耳病病毒。同年，猪蓝耳病在北京地区暴发，随即在华北、华东地区部分养猪场发生类似猪蓝耳病的疾病，并从血清学上证实了猪蓝耳病的存在。1996年，郭宝清等于1996年从北京地区送检的病料（流产的胎儿）中分离到4株猪蓝耳病病毒，从而证实中国内地存在猪蓝耳病。此后，国内许多省、直辖市、自治区猪群发病并分离和鉴定出猪蓝耳病病毒。经过10年的传播和流行，我国将其列为二类动物疫病，大部分省、直辖市、自治区均有猪蓝耳病的存在（图2-11）。

图2-11　我国有部分猪场暴发猪蓝耳病

3.猪蓝耳病造成的危害　猪蓝耳病传播速度快，尤其在经济发达的国家，由于猪群密集、流动频繁，更易引起大面积流行，以传播迅猛、损失巨大著称，仅1991年欧美的一次大流行就造成100万头猪的死亡，被形象地称为流产风暴。目前，本病已呈世界性分布。在一个流行期过后，往往转为地方性流行，长期危害养猪生产，给世界各国养猪业造成巨大的经济损失（图2-12）。

图2-12　大量准备深埋的死亡猪只

1995～1996年，在我国的北京、上海及其周边地区的猪场暴发猪蓝耳病，由于对本病知之甚少，很难诊断和采取正确的防治措施，给当地的养猪业造成了严重的损失。目前，本病在我国广泛存在，是我国流行的主要猪病之一，主要引起猪机体出现免疫抑制，造成母猪繁殖障碍和引起呼吸道疾病的发生而导致大量猪只死亡。

（二）高致病性猪蓝耳病病毒

1.高致病性猪蓝耳病的主要特征 高致病性猪蓝耳病是由猪蓝耳病病毒变异株（NVDC-JXA1株）引起猪的一种急性、高致死性传染病，以猪发热、厌食或不食、眼结膜发炎、咳嗽、气喘等呼吸道症状，后躯无力、不能站立或摇摆、抽搐等神经症状为主要临床特征。在与其他病原混合感染时，仔猪发病率可达100%，死亡率可达50%以上；母猪流产率可达30%以上，肥育猪也可发病死亡。虽然高致病性猪蓝耳病可导致母猪和肥育猪发病死亡，对养猪业危害极其严重，但不传染人。高致病性猪蓝耳病病毒是不分节段的单股正链RNA病毒，属动脉炎病毒属高致病性猪蓝耳病病毒变异株。经基因测序，高致病性猪蓝耳病病毒与2002年中国分离株HB-1sh的同源率为97.1%～98.2%，与美洲VR-2332株、欧洲LV株同源性分别为93.2%～94.2%和63.4%～64.5%；该变异株病毒在其Nsp2基因片段的481位和532～560位缺失30个氨基酸（图2-13）。目前来看，没有相关证据证明高致病性猪蓝耳病病毒的抵抗力出现改变。病毒在加热、干燥和消毒剂作用下容易被灭活。

2.高致病性猪蓝耳病病毒的致病机制 病毒主要感染肺脏巨噬细胞，还可以感染卵巢卵泡中的巨噬细胞、肺泡中

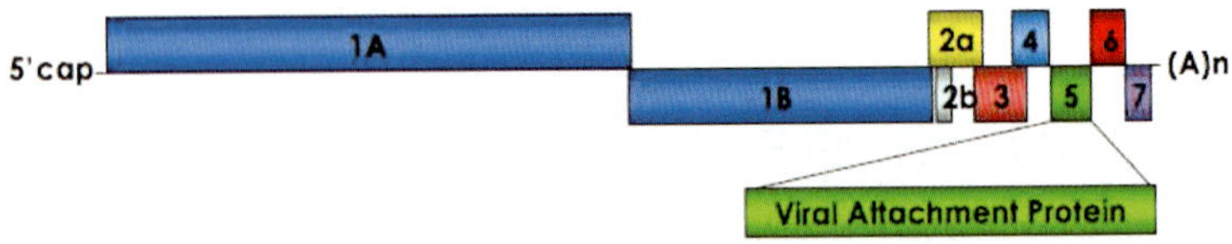

图 2-13　高致病性蓝耳病病毒基因组结构

的二型肺细胞、生精小管的上皮生殖细胞和间质内的巨噬细胞，呼吸系统与繁殖器官是蓝耳病病毒的主要感染部位。

猪的免疫系统包括 2 个部分，即先天性免疫系统和获得性免疫系统。这两个系统是相互依赖的两个部分，它们共同完成机体控制微生物感染的作用。猪免疫系统的细胞主要来源于骨髓，淋巴细胞和巨噬细胞是机体重要的免疫细胞。巨噬细胞是免疫系统的重要组成部分，它担负着处理、分解、吞噬病原和异物的护卫作用以及在免疫应答中递呈抗原的重要任务。高致病性蓝耳病病毒主要伤害和破坏肺部巨噬细胞和单核淋巴细胞。高致病性蓝耳病病毒进入猪体后，首先侵入巨噬细胞，并在巨噬细胞中复制，然后迅速向全身淋巴组织和肺脏扩散，有时也向其他组织扩散。肺泡巨噬细胞是病毒的靶细胞，病毒侵入细胞后在细胞内增殖，使巨噬细胞破裂，肺部巨噬细胞数量减少或功能减弱，肺泡壁增厚，造成严重的间质性肺炎，肺部抵抗外来病原感染的能力下降，使呼吸道和肺部容易遭受各种细菌的感染（图 2-14，图 2-15）。另外，淋巴细胞在机体中的主要功能是生产各种抗体，当高致病性猪蓝耳病病毒从不同途径攻击机体时，淋巴细胞受到破坏或损伤，机体免疫力下降，其他病毒、细菌趁机侵入，易继发感染猪副嗜血杆菌、多杀性巴氏杆菌、链球菌、放线杆菌、支原体、猪圆环病毒等病原，使发病率和死亡率大幅上升。

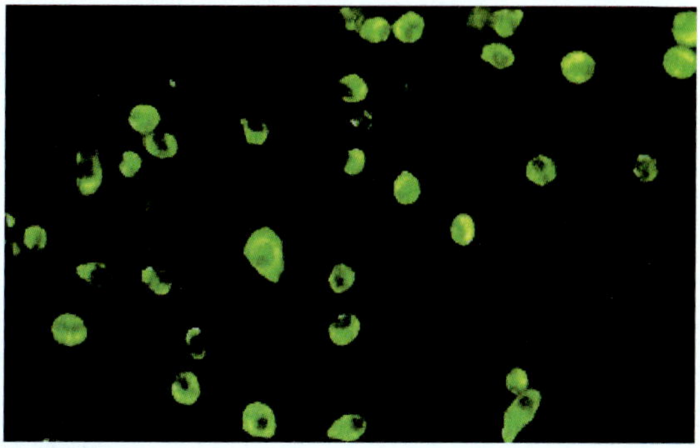

图 2-14　感染高致病性蓝耳病病毒的猪巨嗜细胞

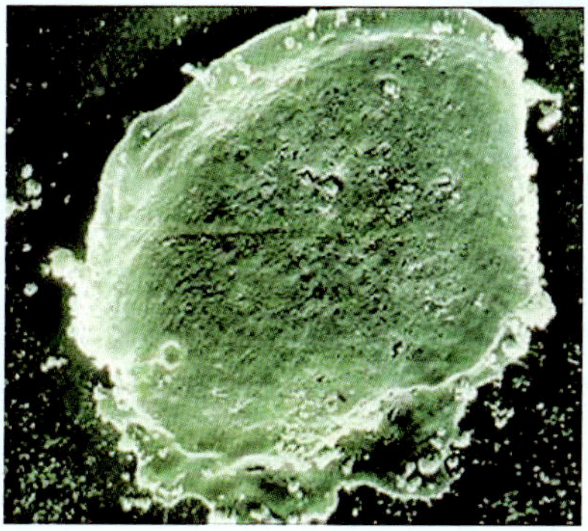

图 2-15　电镜下被高致病性蓝耳病病毒破坏的巨噬细胞

3.高致病性猪蓝耳病的流行和危害　2006 年 5 月份以来，我国许多省份大面积暴发被称为猪业历史上最大浩劫的猪高热病，而造成这次疫病的最主要原因就是高致病性猪蓝耳病，对生猪造成的危害比蓝耳病更大，临床症状更为复杂，诊断和防治更加困难，给我国生猪养殖业造成了巨大的经济损失，严重挫伤了养猪者的积极性（图 2-16）。

图 2-16　猪高热病挫伤了养猪者的积极性

第三章　猪高热病的流行病学特点

猪高热病在不同日龄、不同品种的猪群中均可发生，并伴有高发病率和高死亡率，通常情况下发病率高达70%以上，死亡率为40%～90%。

一、传 染 源

发病猪和带毒猪（包括感染猪、康复猪）及其污染物是猪高热病主要的传染源。患病猪、无症状的带毒猪、康复猪、病母猪所产的仔猪，以及被污染的环境和用具等均可成为传染源而传播疫病，从而引起易感猪感染发病。感染猪在临床症状消失8周后仍排毒，病猪在康复后的3个月还可持续排毒，且病毒可在猪的上呼吸道和扁桃体中存活相当长的时间（≥5个月），因此带毒猪是病毒的重要来源。亚临床感染的猪群是猪蓝耳病病毒不明传播的潜在来源。病毒可通过病猪鼻和眼的分泌物、胎儿以及子宫甚至公猪的精液排出，感染健康猪只。患病公猪的精液主要通过交配或人工授精感染其他母猪，仔猪可成为自然带毒者。病猪分泌物和排泄物污染饲料和饮水，死产胎儿、胎衣以及子宫排泄物污染环境成为传染源。

二、传播途径

猪高热病能通过多种渠道传播，包括呼吸道、生殖道和消化道，主要通过呼吸道（图 3-1）或通过公猪的精液经生殖道（图 3-2，图 3-3）在同群猪间进行水平传播，母猪和仔猪之间也能垂直传播，主要是在母猪妊娠期子宫中感染，或出生后易感仔猪与感染母猪混群导致仔猪发病（图 3-4）。

图 3-1　猪高热病主要通过呼吸道水平传播

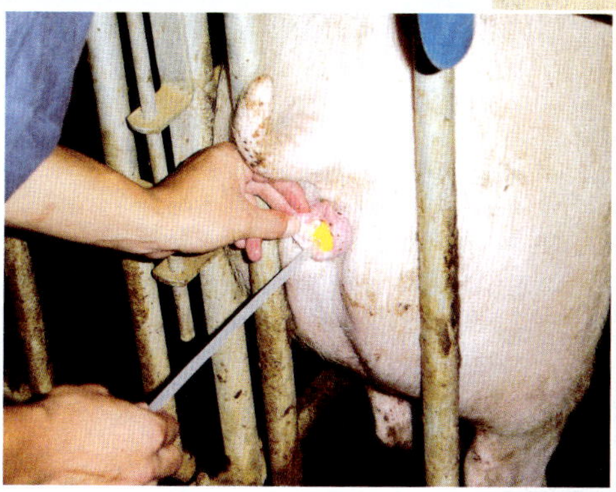

图 3-2　通过人工授精传播

图 3-3　带毒公猪交配传播

猪高热病具有高度接触传染性，引入高热病病猪是该病侵入猪群并传播的最主要方式。发病猪和带毒猪通过尿液、粪便、鼻液、精液等排毒，传染过程常常发生于猪只之间的直接接触，因此猪场内和猪场间猪只、装运高热病病猪的运输工具成为最主要的传播方式（图 3-5）。

图 3-4　母猪和仔猪之间垂直传播

图 3-5　通过运输工具传播

《中华人民共和国动物防疫法》等法律、法规中，虽然对病畜、疫病的处理已有明确的规定，但涉及国家赔偿制度的配套措施至今未出台，造成在实施上操作很难到位，不能及时解决养殖场（户）因扑杀病畜造成的经济损失，疫区的许多发病猪场和养殖户为了减少自身损失，冒险转移、贱卖患病猪只，甚至将病猪跨地区长途贩运，有些地方随意丢弃病死猪的现象十分严重，从而引起病原大面积的扩散和污染（图 3-6）。高热病的主要病原高致病性猪蓝耳病病毒可通过口、鼻腔、肌肉、腹腔、静脉以及子宫内接种等多种途径传播，还可通过禽类传播。此外，还能经空气传播，通过气源性感染可以使本病在 3 千米以内的猪群中传播，传播速度极快。使用污染的血浆蛋白粉和其他血液制品作为饲料原料也是传播高致病性猪蓝耳病病毒的重要因素。另据报道，鼠类是带毒者，也不排除它们可能是传播者。

图 3-6　随意丢弃病死猪容易引起病原扩散

三、易感动物

从目前猪高热病发生和发展的情况看，本病只感染猪，不感染其他动物，猪是高致病性猪蓝耳病病毒的主要宿主，几乎所有未经过高致病性猪蓝耳病疫苗免疫的所有日龄、所有品种、不同性别和年龄以及用途的猪只均可感染。但以妊娠母猪和1～2月龄以内的仔猪最易感。其易感性有一定差异，生长猪和肥育猪症状较轻，母猪和仔猪症状较为严重。饲养环境恶劣如拥挤、气温高、通风不良、营养不平衡等的生猪最易发病（图 3-7，图 3-8）。

图 3-7　猪群密度大易发生猪高热病

图 3-8　饲养环境恶劣的生猪最易发生猪高热病

四、流行特点

第一，疫情流行区域广，我国华南、华东、华中、华北、东北、西南等多个省、直辖市均有猪场发病。

第二，疫情传播速度快，猪群分阶段发病，在仔猪之间的传播比成年猪之间的传播更为容易。在同一个猪场中，通常小猪、中大猪或母猪先发病，2～5 天波及全群，10 天左右扩散至整个猪场。

第三，本病没有明显的季节性，一年四季均可发生。不仅发生在气温较高的夏季，而且在秋、冬、春季均可发生。

地方品种猪的治疗效果比外来品种的瘦肉型猪要好。

第四，本病除传播迅速外，在同一猪场内得到暂时控制停息后，还容易再度暴发，并且发病率没有明显下降。

第五，不同日龄猪群均可发病，发病猪的体重一般在10～80千克，主要为保育仔猪和生长肥育猪，很多猪场的母猪和哺乳仔猪发病也十分严重（图3-9）。

图3-9　患病的母猪和哺乳仔猪

第六，发病猪场猪只以体温升高为主要特征，患病猪死亡严重，大部分发病猪场发病率在50%以上，死亡率达20%～80%，甚至接近100%。病猪日龄越小，死亡率越高，哺乳和保育仔猪死亡率甚至高达100%（图3-10）；患病母猪死亡、流产或断奶后不发情（图3-11），死亡率可达10%左右，流产率在5%～40%。有些新建猪场母猪死亡率达到30%～50%。

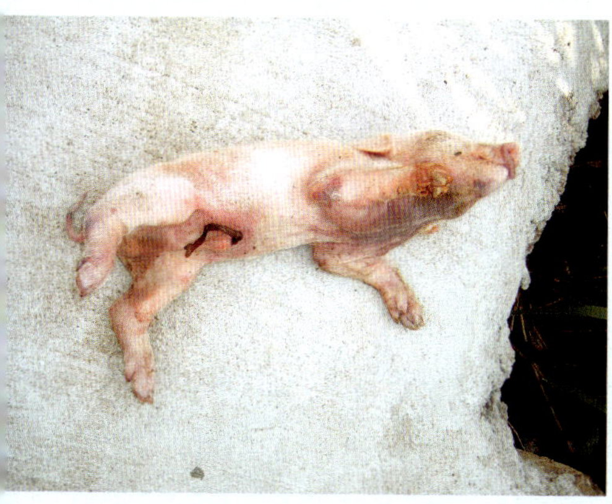

图3-10　初生仔猪死亡

图3-11　猪高热病引起母猪流产

第七，高致病性猪蓝耳病与其他病原的混合感染和继发感染十分严重，可继发感染猪瘟病毒、伪狂犬病病毒、圆环病毒、流感病毒、猪副嗜血杆菌、多杀性巴氏杆菌、链球菌、附红细胞体、弓形虫、胸膜肺炎放线杆菌、霍乱沙门氏菌、大肠杆菌等，引起猪只大量死亡。

第八，场区没有严格封闭、不重视消毒、没有对猪群进行系统保健的猪场常发病严重（图3-12），但在许多生物安全控制措施很好的大中型猪场也同样发病严重。

第九，饲养管理不良、从场外购进猪苗饲养、猪舍通风不良、隔热效果差、饲养密度高、栏舍低矮、饲料质量较差、不重视真菌毒素危害的猪场发病率和死亡率更高。

第十，抗病毒和抗菌药物治疗效果一般不理想，滥用药物和疫苗的猪场病猪死亡率更高，而且复发率较高，可达10%～15%。

图3-12　没有严格封闭的猪场特别容易暴发疫病

第四章　猪高热病的临床症状与病理变化

一、临床症状

不同地区的病猪临床症状有所差异，发病猪表现为体温升高至41℃～42.5℃，呈稽留热，精神沉郁，喜伏卧，嗜睡，食欲不振或废绝（图4-1，图4-2，图4-3），部分猪只甚至不饮水；病猪皮肤发红，耳后、耳缘发绀，腹下和四肢末梢等身体多处皮肤有紫红色斑块（图4-4，图4-5，图4-6），少数病猪背部皮肤毛孔有铁锈色出血点（图4-7），部

图4-1　病猪精神沉郁

图4-2　病猪喜伏卧

图 4-3　病猪嗜睡

图 4-4　病猪皮肤发红

图 4-5　病猪耳后、耳缘发绀

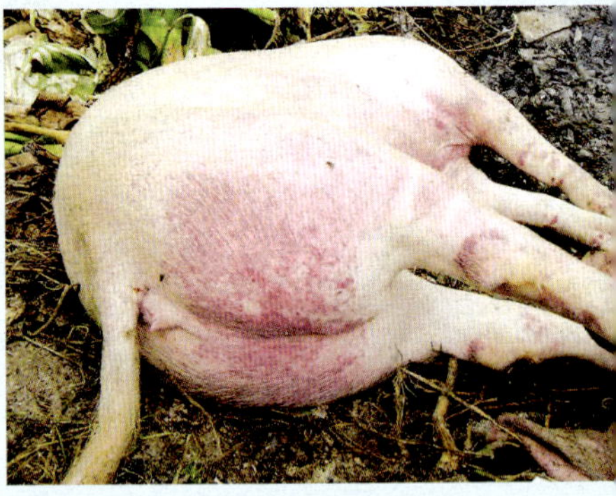

图 4-6　病猪皮肤有紫红色斑块

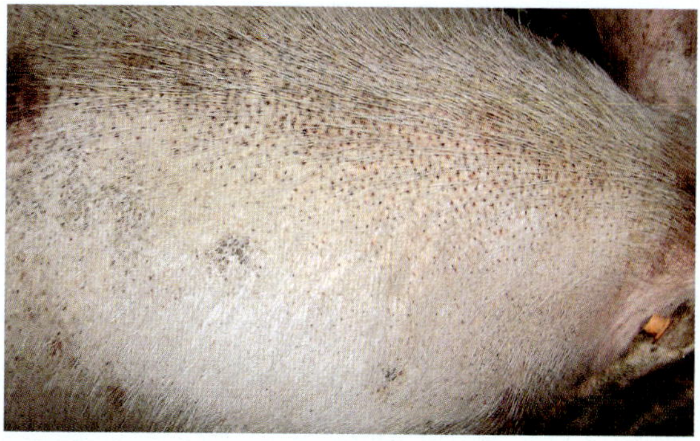

图 4-7　部分病猪背部皮肤毛孔有铁锈色出血点

分病死猪皮下广泛出血（图 4-8，图 4-9），部分发病严重的病猪全身呈现紫色（图 4-10，图 4-11）；部分病猪有明显的呼吸道症状甚至呼吸困难，出现严重的腹式或犬坐式呼吸（图 4-12），气喘急促，有的表现喘气或呈不规则呼吸；大部分病猪眼分泌物增多，有明显的泪斑（图 4-13，图 4-14），

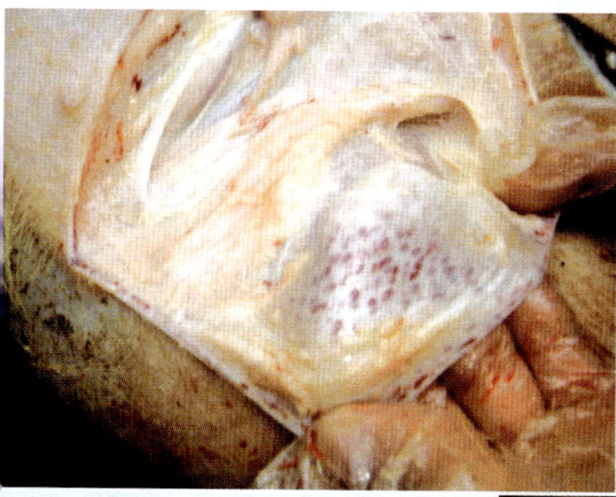

图 4-8　部分病死猪皮下广泛出血

图 4-9　病猪皮下有出血点

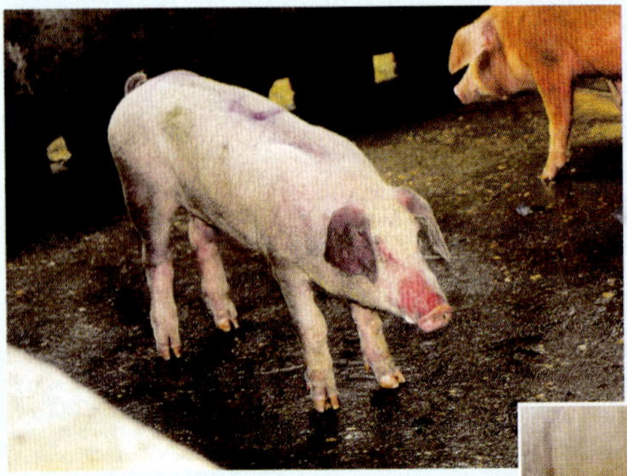

图 4-10　部分发病严重的猪全身呈紫色（1）

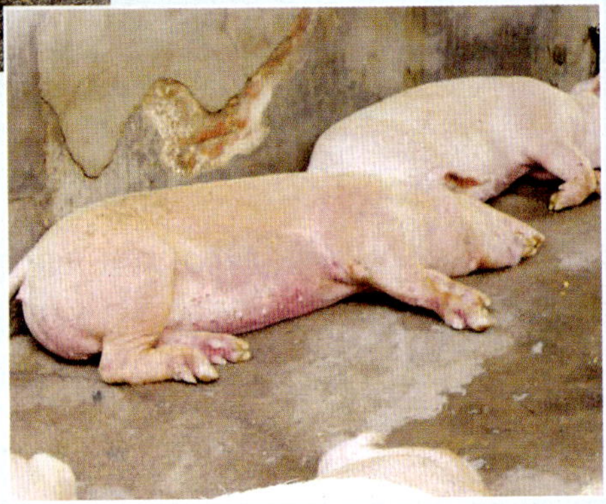

图 4-11　部分发病严重的猪全身呈紫色（2）

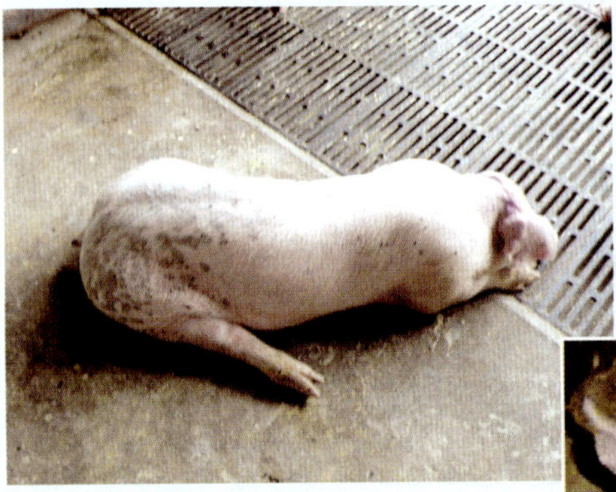

图 4-12　病猪呈犬坐式呼吸

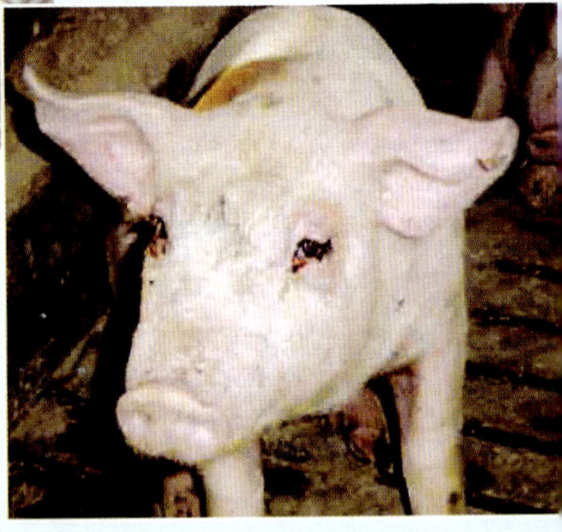

图 4-13　病猪眼分泌物增多

出现结膜炎、眼睑水肿等症状（图4-15）；部分病猪流清鼻液、少数流脓性鼻液（图4-16，图4-17，图4-18），打喷嚏、咳嗽；部分猪便秘，粪便秘结，呈球状（图4-19）；日龄较小的病猪出现呕吐，部分病猪腹泻，有的粪便呈黄色黏稠

图4-14　病猪有明显的泪斑

图4-15　病猪眼睑水肿

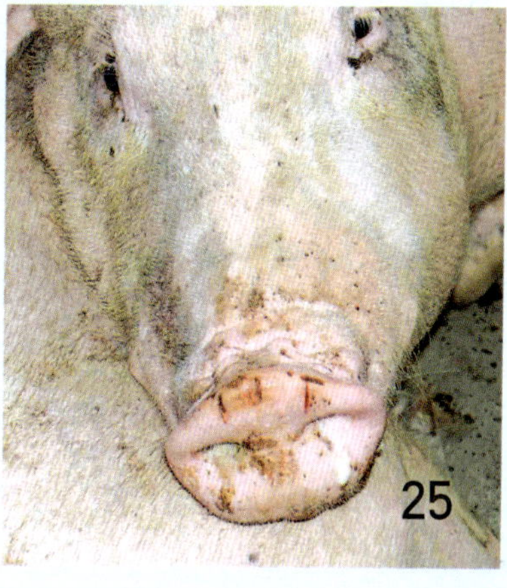

图4-16　病猪流鼻液

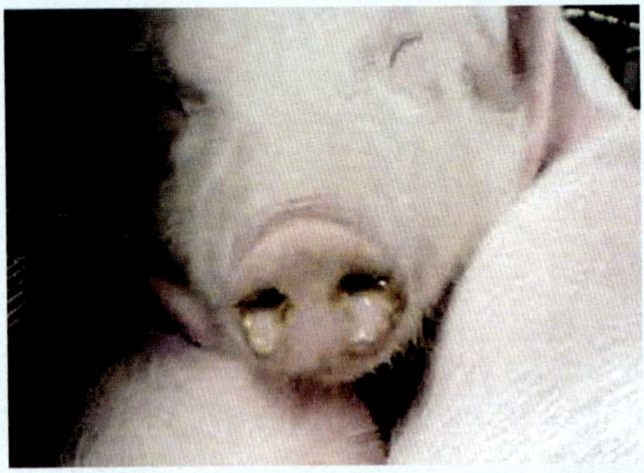

图 4-17　部分患病仔猪流清鼻液

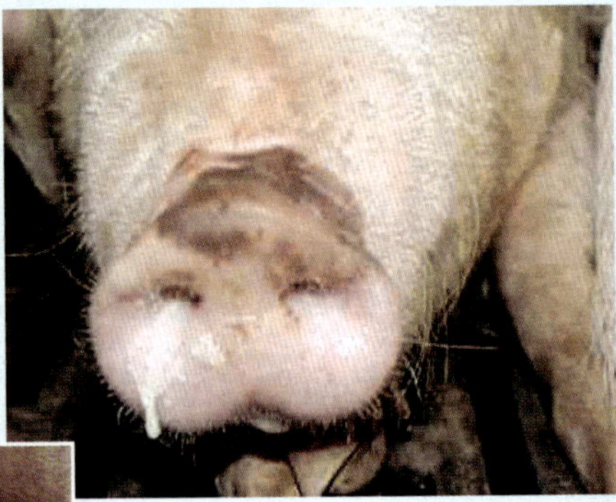

图 4-18　病猪流脓性鼻液

图 4-19　部分病猪粪便秘结，呈球状

状（图 4-20，图 4-21），尿液黄而少、浑浊，颜色加深（图 4-22）；病程稍长的病猪被毛粗乱、消瘦（图 4-23），全身苍白，出现贫血症状（图 4-24）；部分病猪出现甩头、震颤、倒地侧卧、四肢呈划水样等神经症状（图 4-25，图 4-26），

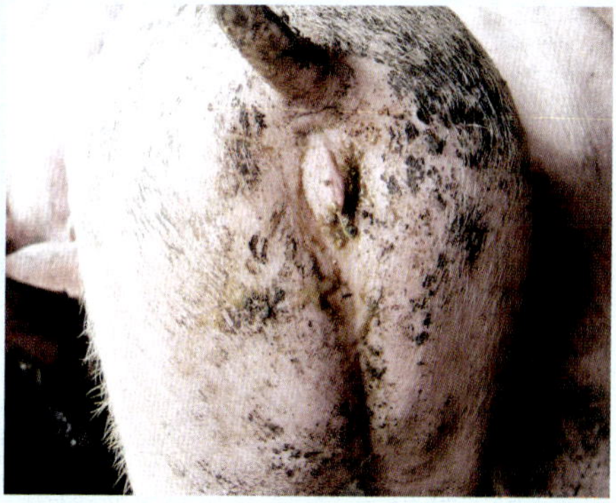

图 4-20　病猪腹泻

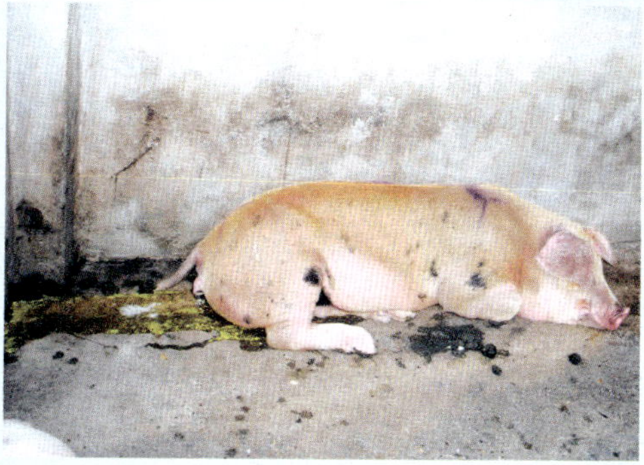

图 4-21　部分病猪粪便呈黄色黏稠状

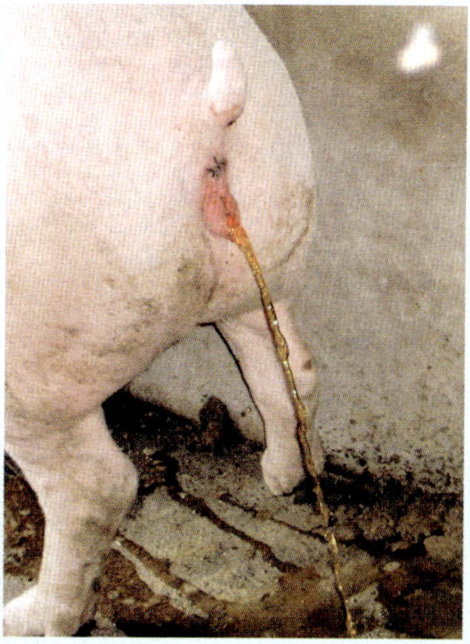

图 4-22　病猪尿液黄而少、浑浊，颜色加深

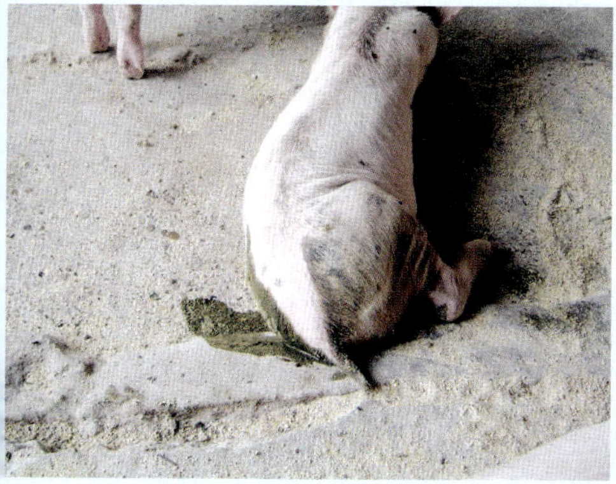

图 4-23　病猪被毛粗乱、消瘦

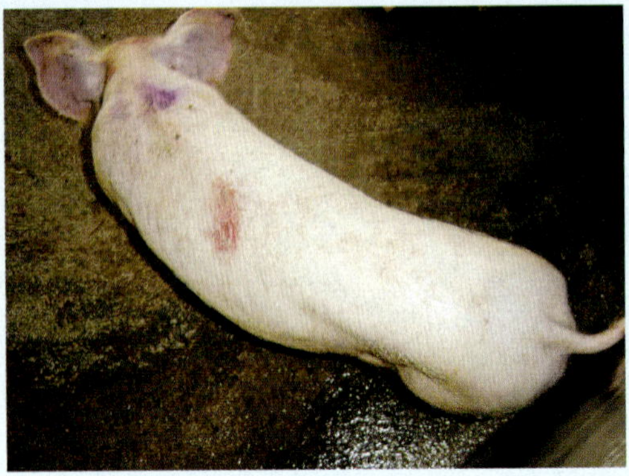

图 4-24 病猪全身苍白，呈贫血症状

最后全身抽搐而死；部分病猪关节肿大，呈关节炎症状站立困难（图 4-27，图 4-28），小部分病猪后肢麻痹无力，濒死前不能站立（图 4-29）。许多生长期小母猪阴门红肿（图 4-30）；有的猪场生长舍皮炎肾病综合征病猪增多（图 4-31），发病猪死亡率高，死亡过程快，病程多为4～10天，长者可达20日，死亡后多呈败血症变化（图 4-32），部分病猪经治疗或耐过而逐渐康复。

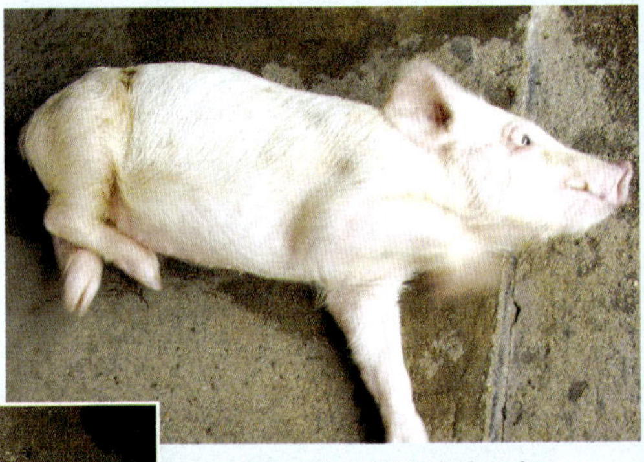

图 4-25 部分病猪震颤、倒地侧卧

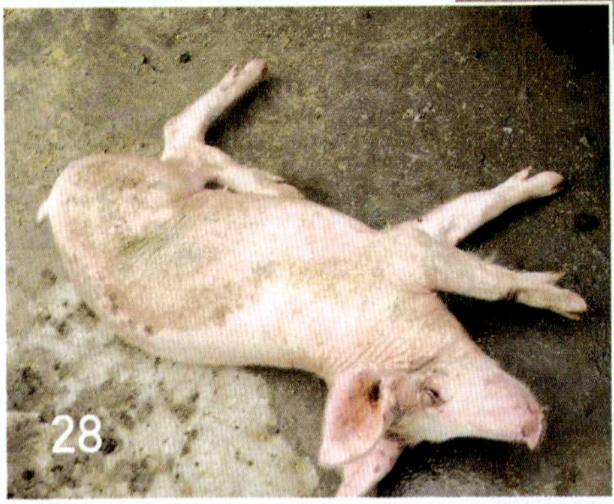

图 4-26 部分病猪四肢呈划水样

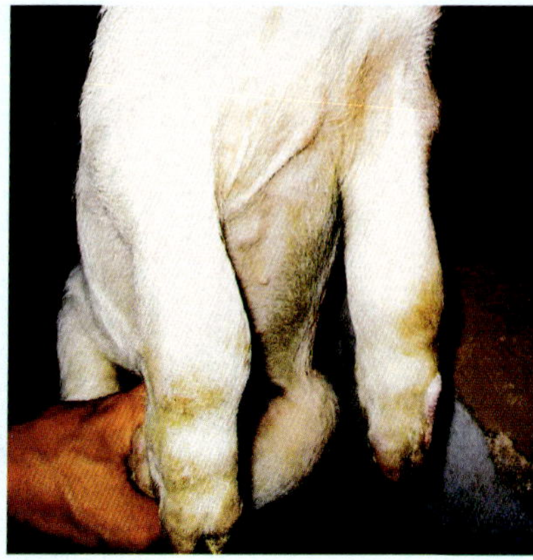

图 4-27　病猪关节肿大

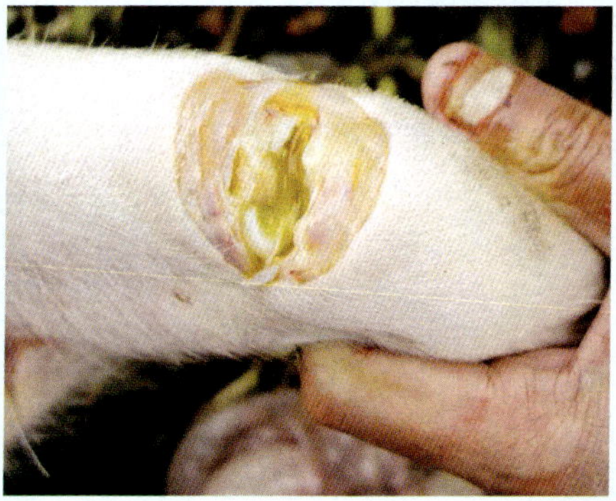

图 4-28　关节炎

图 4-29　部分病猪后肢麻痹无力，不能站立

图 4-30　许多生长期小母猪阴门红肿

图 4-31　皮炎肾病综合征病猪增多

图 4-32　病猪呈败血症变化

相当一部分高热病母猪出现繁殖障碍，流产，产出较高比例的死胎、弱仔和木乃伊胎（图 4-33），新生仔猪死亡严重（图 4-34）；产后母猪阴道炎、子宫炎发病率明显升高（图 4-35，图 4-36）；部分哺乳母猪乳房萎缩，泌乳性能下降（图 4-37）；断奶后母猪不发情或发情期延长，配种受胎率明显下降；公猪包皮积有乳白色浑浊液。

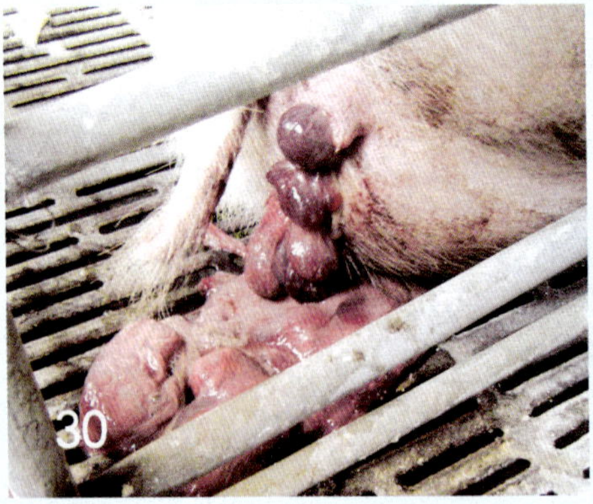

图 4-33　流 产

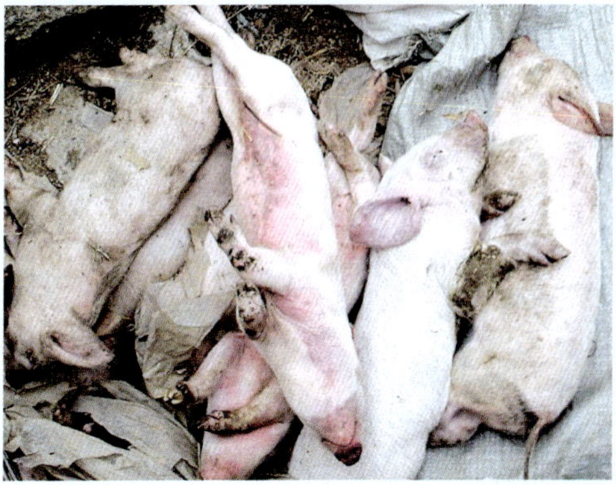

图 4-34　新生仔猪死亡严重

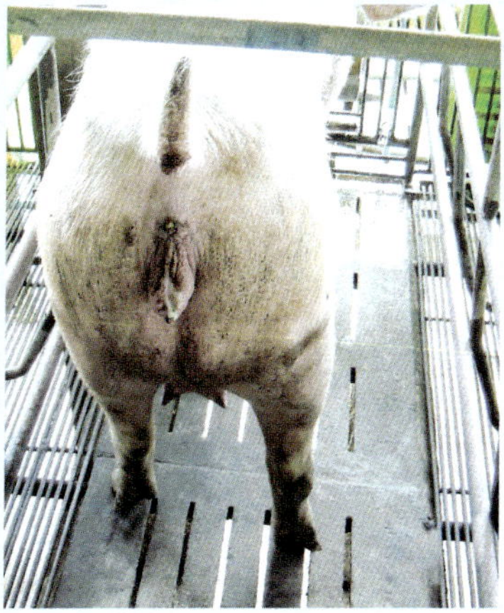

图 4-35　阴道炎

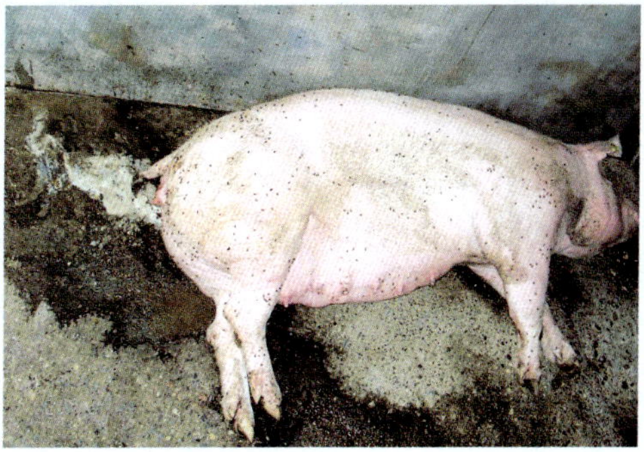

图 4-36　子宫炎

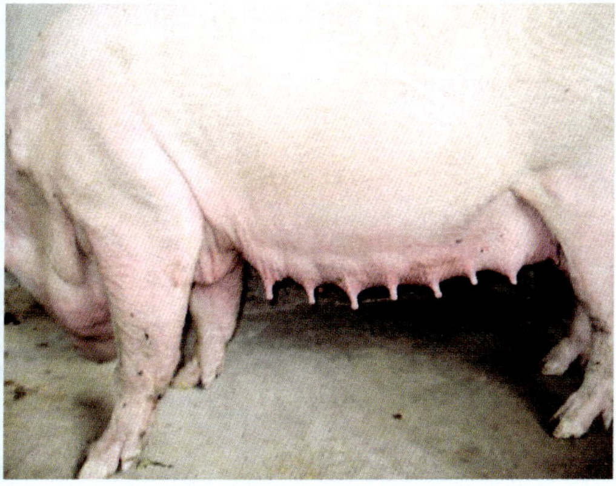

图 4-37　哺乳母猪乳房萎缩

二、病理变化

不同地区的病死猪病理变化不完全一致，但均出现不同程度的肺炎变化（图 4-38）。

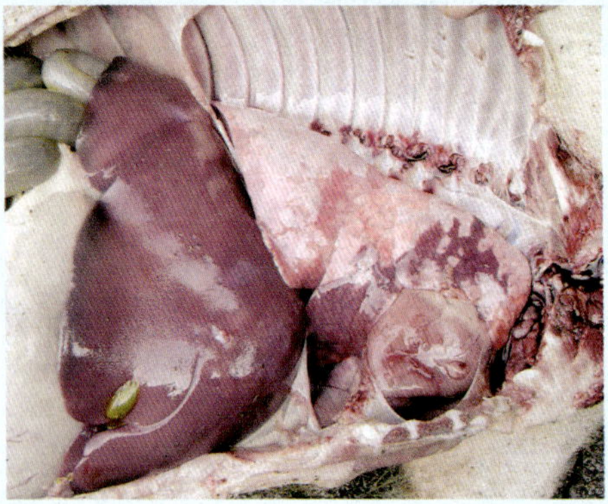

图 4-38　病猪出现不同程度的肺炎变化

（一）肺脏变化

肺脏水肿（图 4-39）或萎缩（图 4-40），呈弥漫性间质性肺炎（图 4-41）或大叶性出血性肺炎变化，肺脏质感变硬，呈缺乏弹性的橡皮状（图 4-42）；肺间质增宽，肺部表面颜色不一，呈花斑样（图 4-43），严重的则呈实变、肝变

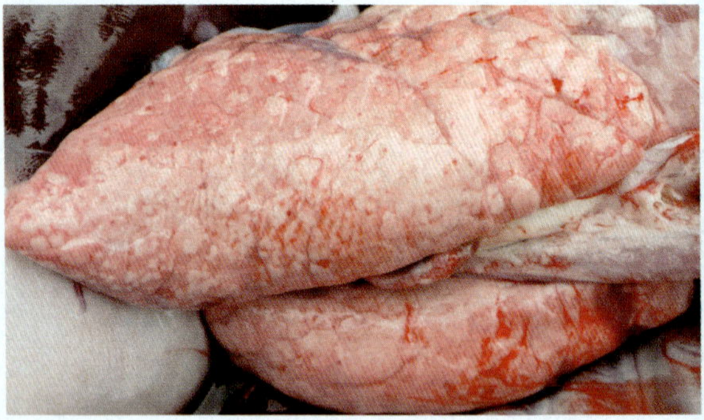

图 4-39　肺脏水肿

图 4-40　肺脏萎缩，缺乏弹性

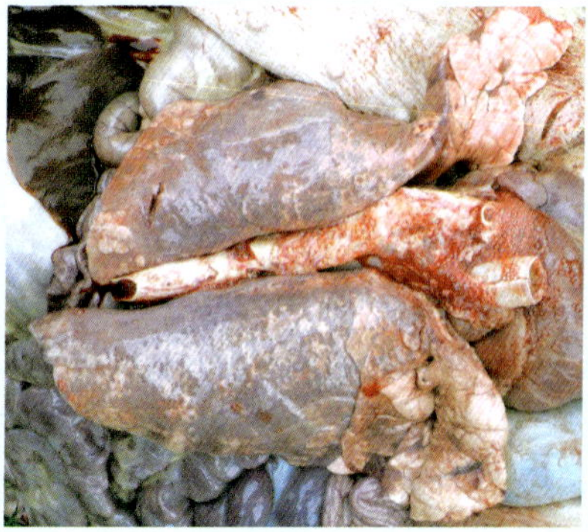

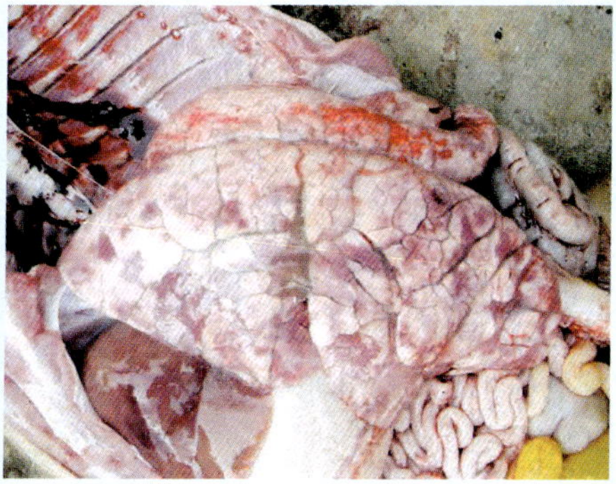

图 4-41　间质性肺炎

图 4-42　没有弹性的橡皮肺

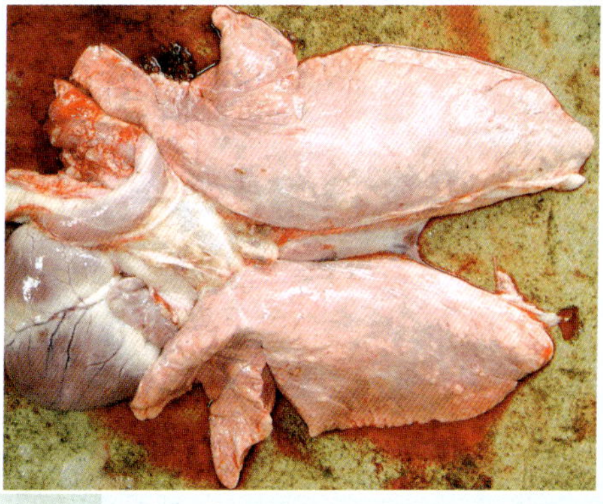

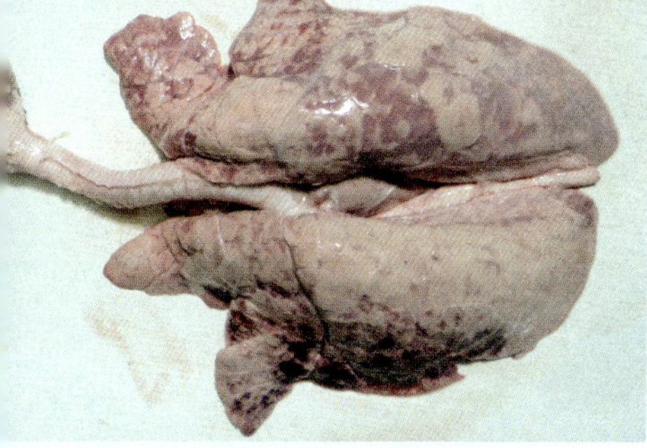

图 4-43　花斑样肺

(图 4-44)；部分肺心叶、尖叶变长，形成“象鼻肺”(图 4-45)，部分病猪肺脏表面有出血点（图 4-46)；继发支原体感染严重的病死猪肺尖叶、心叶、中间叶和膈叶前缘呈肉样或虾肉样实变（图 4-47)。部分病死猪肺部充血、淤血，呈紫红色，或呈斑驳状褐色大理石样病变（图 4-48，图 4-49)；部分病死猪肺部有化脓灶（图 4-50)；有些地区部分病猪肺脏切面鲜红如鲜牛肉状，流出大量泡沫样液体（图 4-51)。

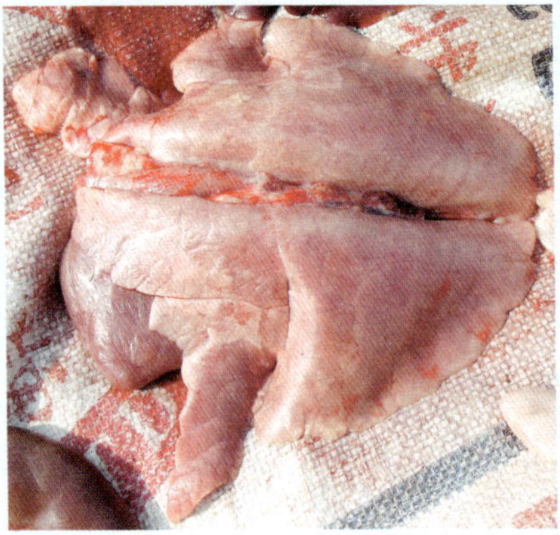

图 4-44　严重病例肺脏呈实变、肝变

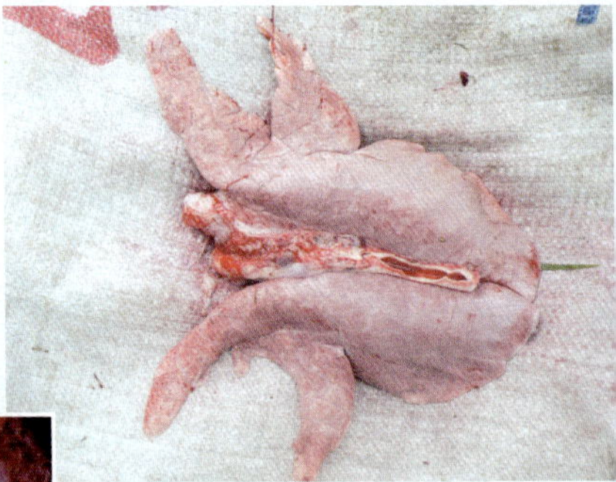

图 4-45　象鼻肺

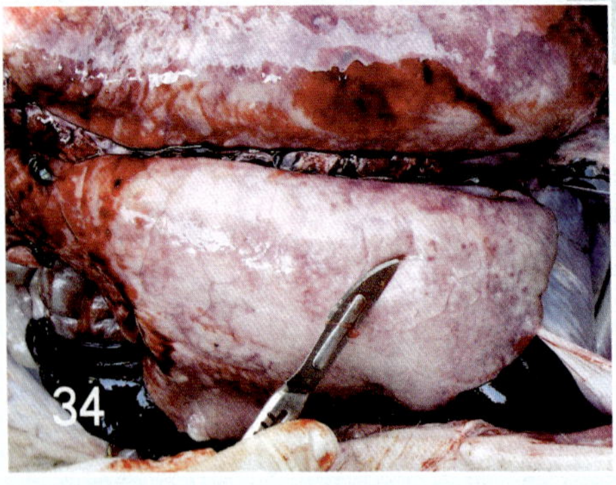

图 4-46　肺脏表面有小点状出血

图 4-47　继发支原体感染严重者肺心叶、尖叶有肉样或虾肉样实变

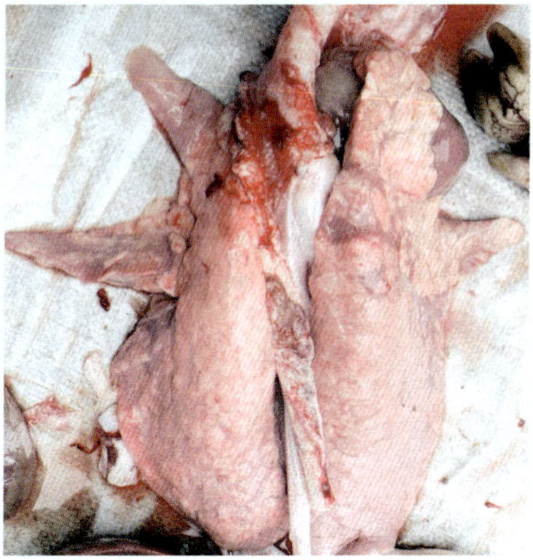

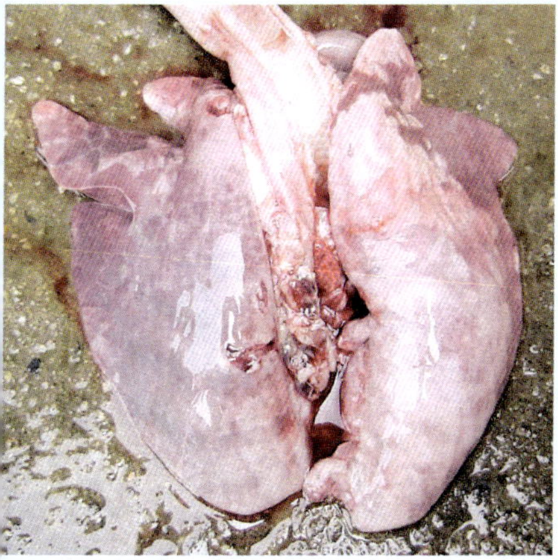

图 4-48　肺部充血、淤血，呈紫红色

图 4-49　肺脏水肿，间质增宽，呈褐色斑驳状大理石样病变

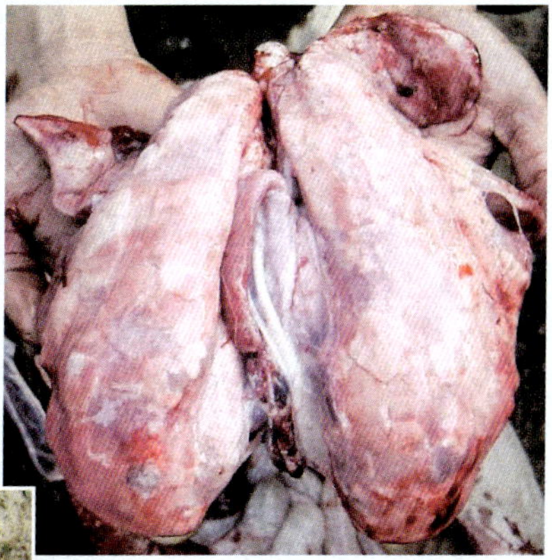

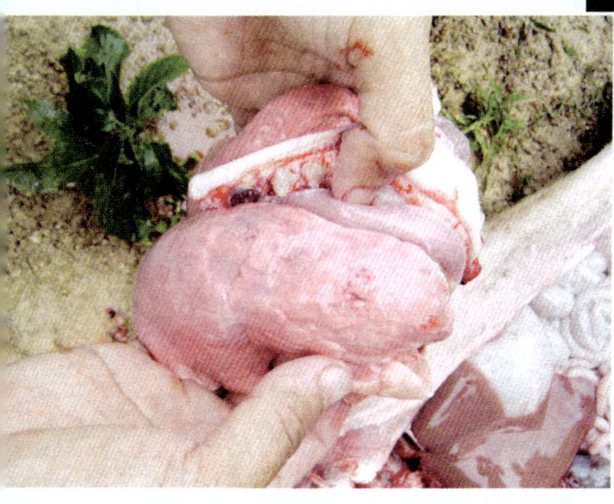

图 4-50　肺脏表面的化脓灶

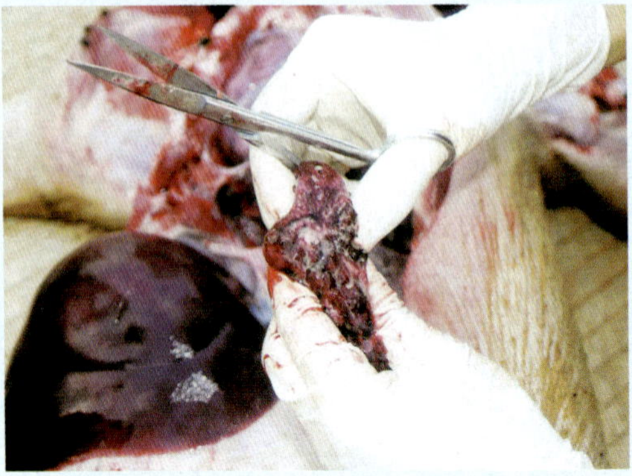

图 4-51　肺脏切面鲜红如鲜牛肉状，流出大量泡沫样液体

（二）呼吸道变化

部分病猪鼻、咽、喉、气管和支气管等呼吸道黏膜充血（图 4-52），气管和支气管中充满白色、淡黄色甚至带血的泡沫（图 4-53）。

图 4-52　呼吸道黏膜充血

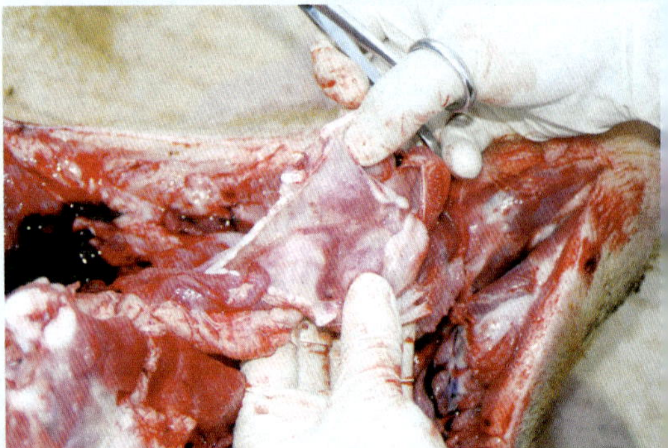

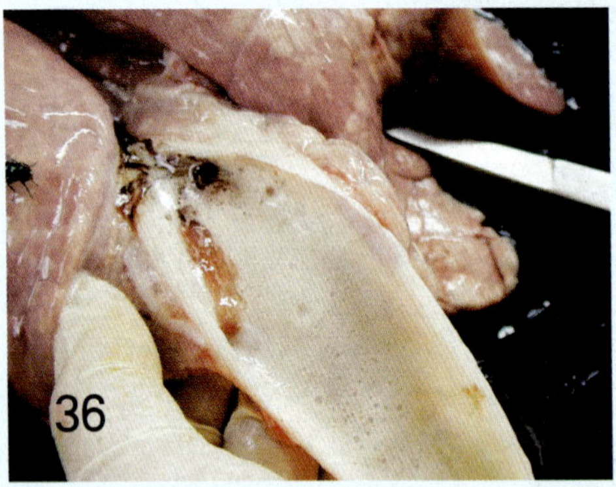

图 4-53　气管中有白色泡沫

（三）淋巴结变化

病猪淋巴结肿大、充血甚至出血（图4-54，图4-55），尤其是腹股沟、肺门、肠系膜等处的淋巴结更为明显（图4-56，图4-57，图4-58）。部分淋巴结切面湿润、外翻，中间肉质呈坏死样渗出性浸润（图4-59），部分表现为典型的大理石样花纹（图4-60）。病死猪扁桃体充血、出血，甚至有化脓性溃疡灶。

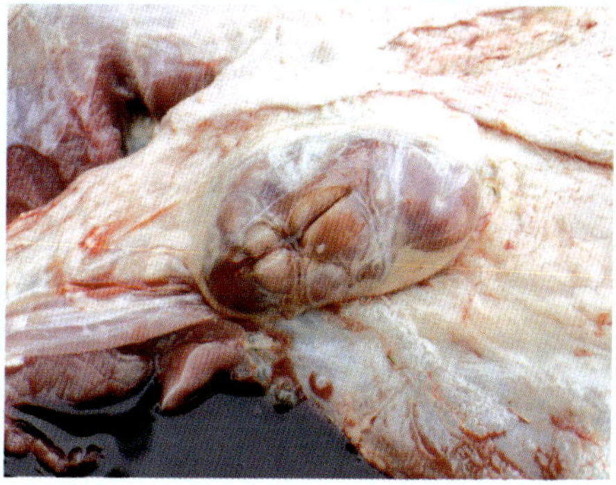

图4-54　淋巴结明显肿大

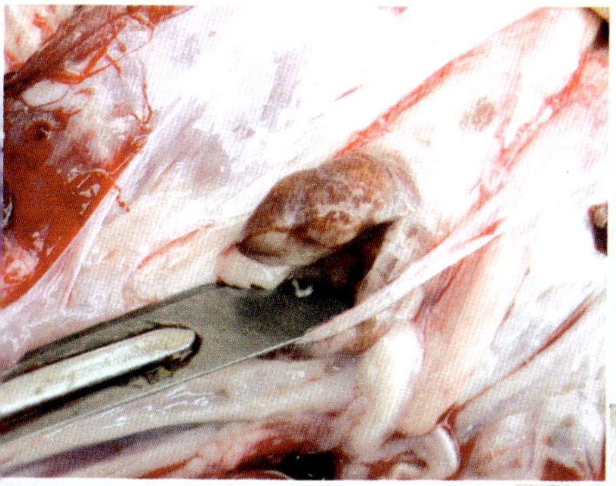

图4-55　淋巴结充血、出血

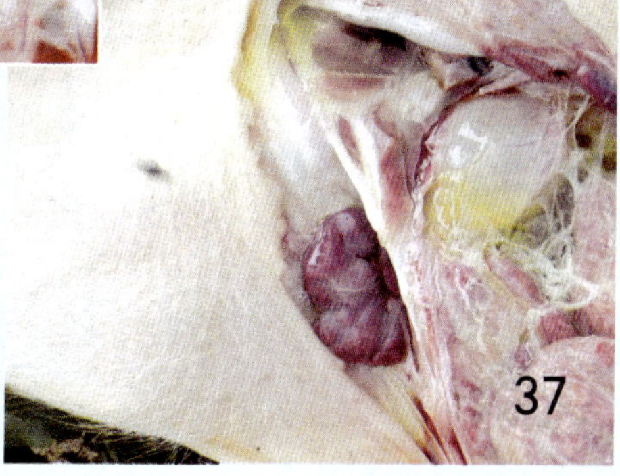

图4-56　腹股沟淋巴结肿大、充血

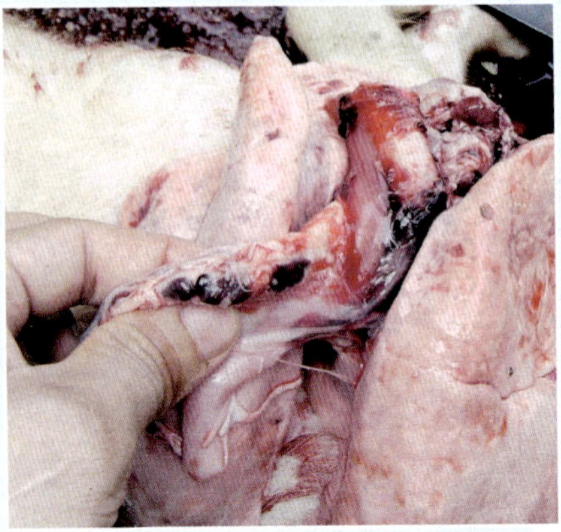

图 4-57　肺门淋巴结肿大、充血

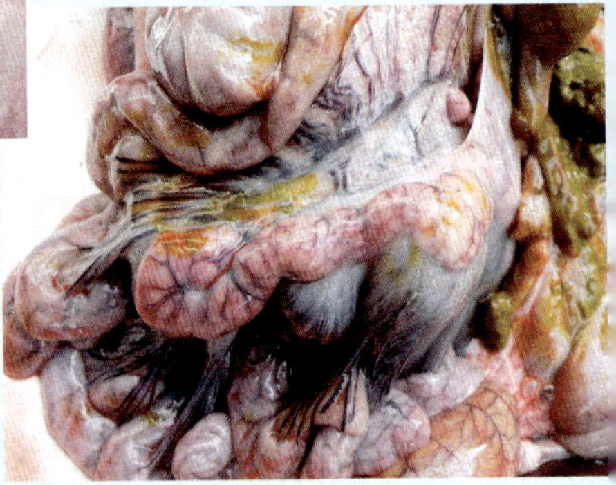

图 4-58　肠系膜淋巴结广泛肿大、出血

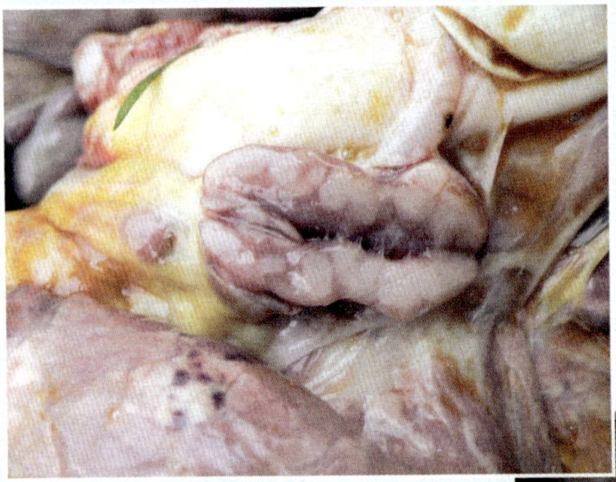

图 4-59　部分淋巴结切面湿润、外翻

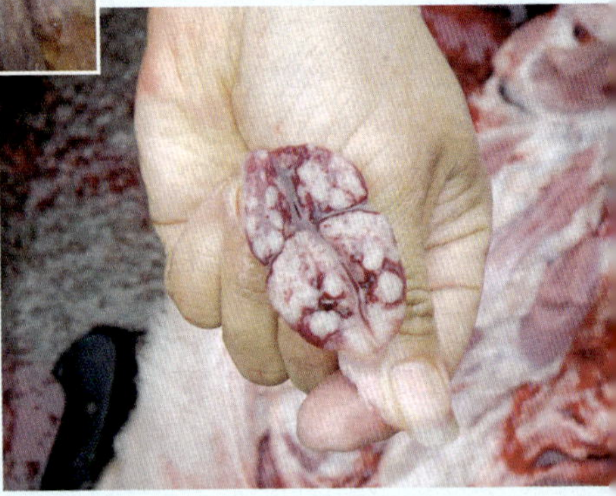

图 4-60　淋巴结呈现大理石样花纹

（四）消化道变化

大部分病死猪肠道充血、出血（图4-61，图4-62，图4-63），部分胃底黏膜出血、溃疡、坏死（图4-64，图4-65，图4-66）；小肠及小肠黏膜充血、出血（图4-67，图4-68），部分病死猪小肠内的积粪呈羊粪状（图4-69）；盲肠、结肠黏膜出血（图4-70），部分病死猪回盲肠有溃疡灶（图4-71）。

图4-61　肠道充血

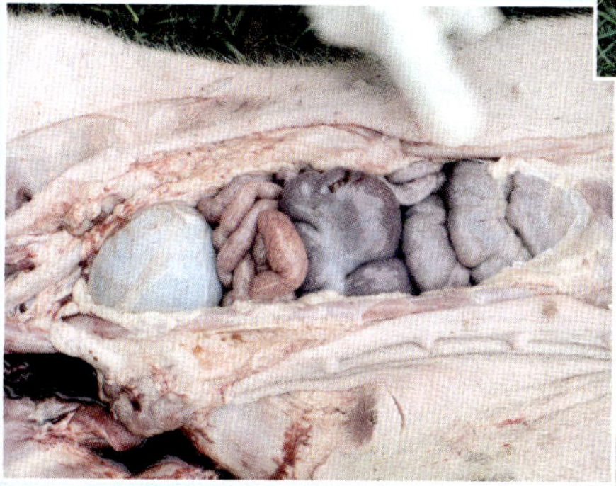

图4-62　肠道出血(1)

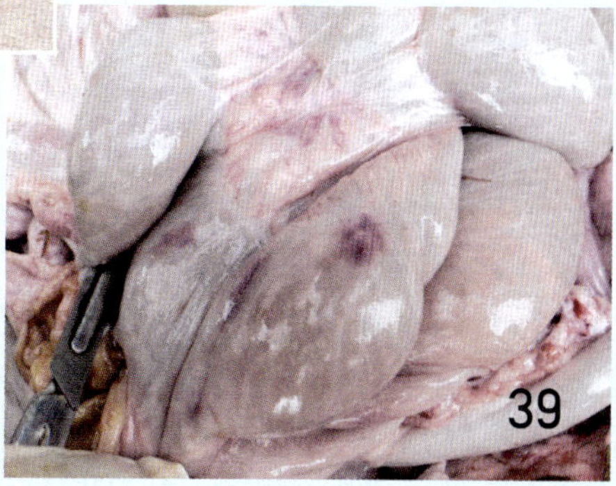

图4-63　肠道出血(2)

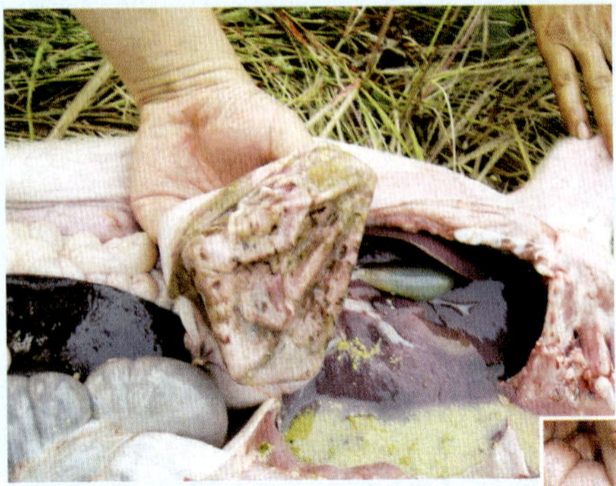

图 4-64　部分病死猪胃底黏膜出血（1）

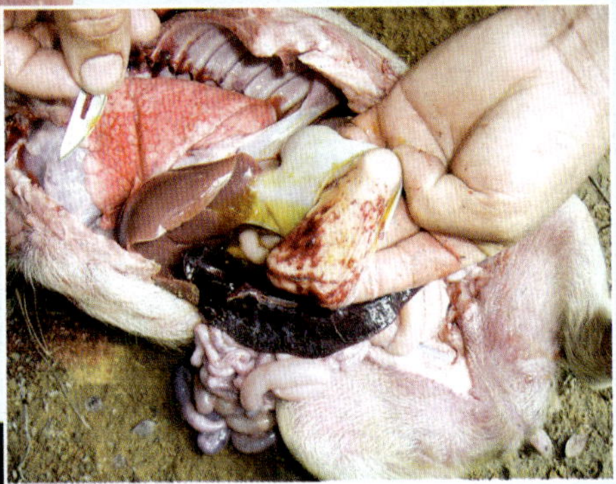

图 4-65　部分病死猪胃底黏膜出血（2）

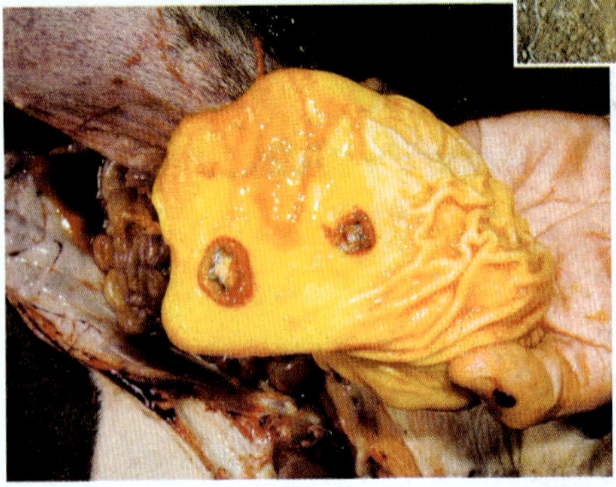

图 4-66　部分病猪胃底溃疡

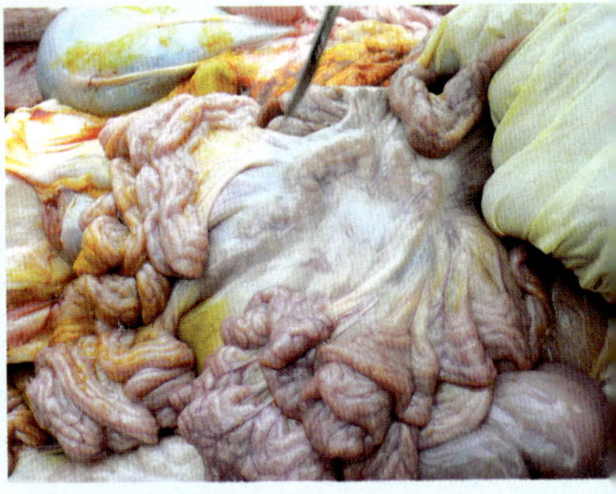

图 4-67　小肠及小肠黏膜充血、出血（1）

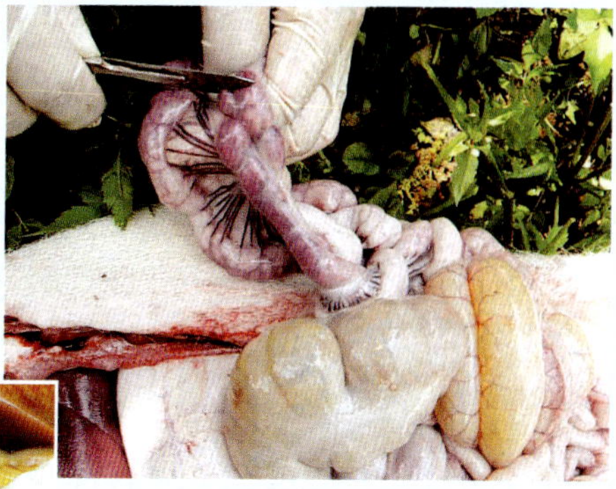

图 4-68　小肠及小肠黏膜充血、出血（2）

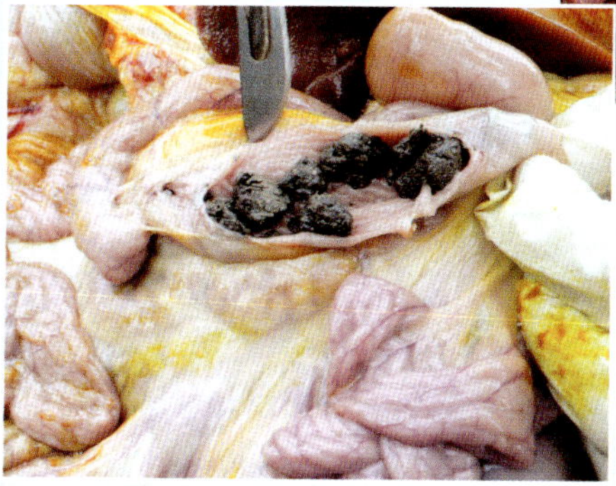

图 4-69　部分病死猪小肠内的积粪呈羊粪状

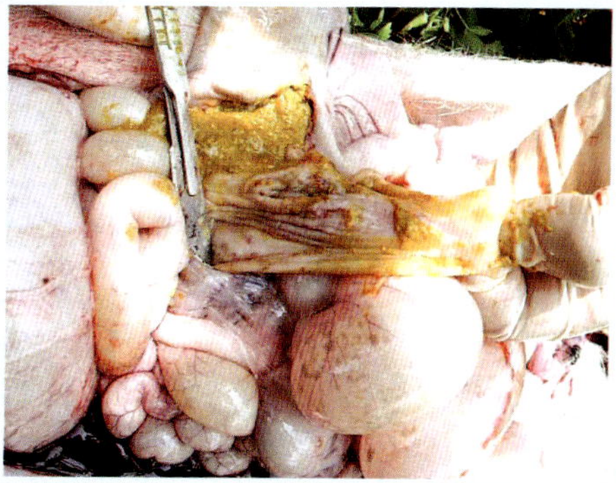

图 4-70　盲肠、结肠黏膜出血

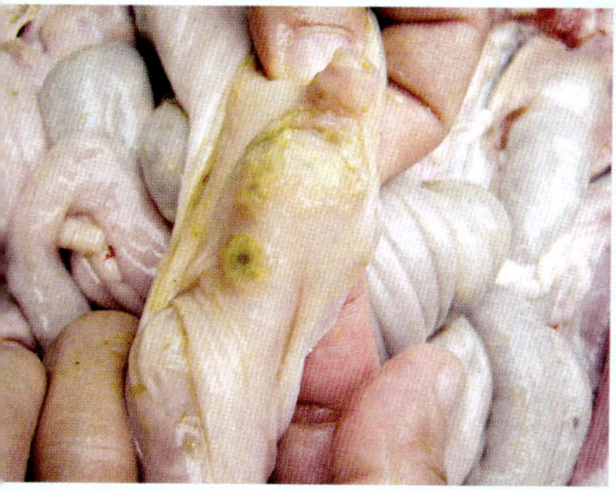

图 4-71　部分病死猪回盲肠有溃疡灶

（五）脑部变化

部分病死猪有非化脓性脑炎变化，脑膜充血、出血（图4-72，图4-73）。

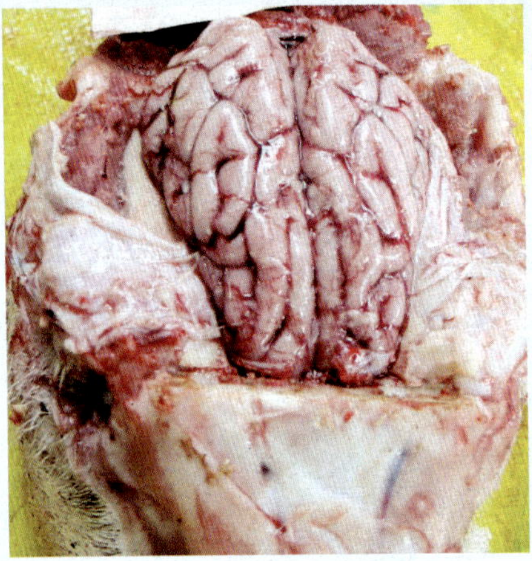

图 4-72　非化脓性脑炎

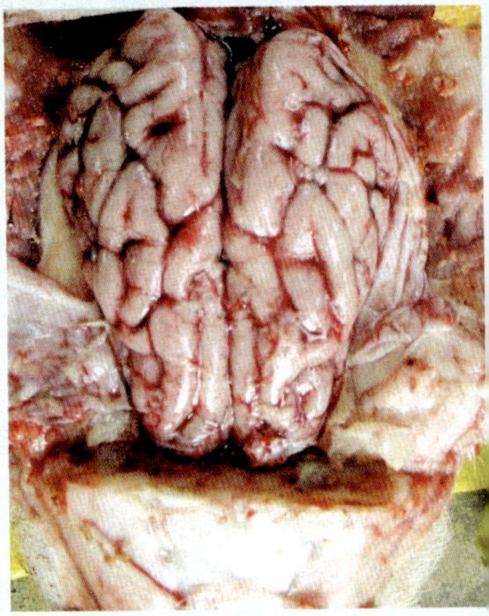

图 4-73　脑膜充血、出血

（六）脾脏变化

部分病死猪脾脏肿大，颜色变黑（图4-74，图4-75），脾脏边缘或表面出现梗死灶（图4-76），质脆，触摸易破碎（图4-77）。

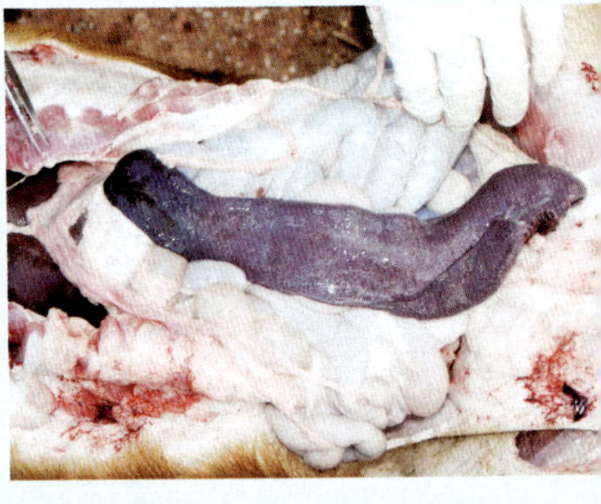

图 4-74　脾脏肿大、变黑（1）

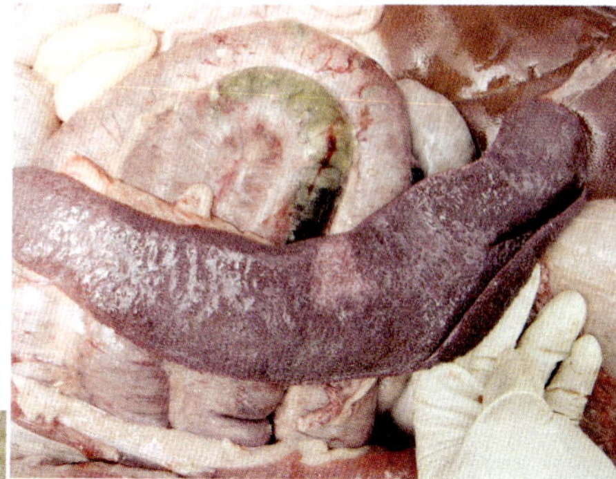

图 4-75　脾脏肿大、变黑（2）

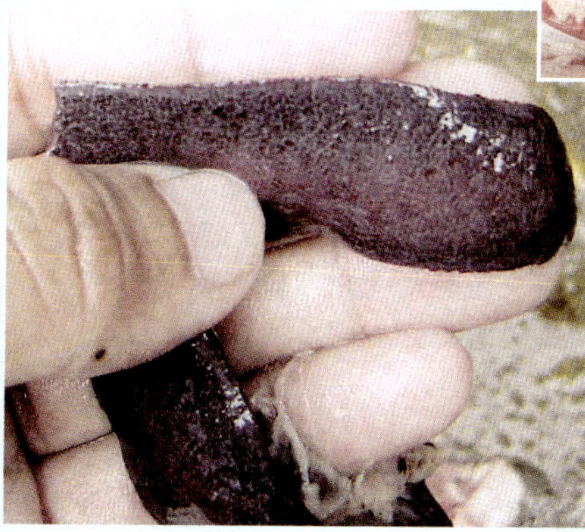

图 4-76　脾脏边缘有梗死灶

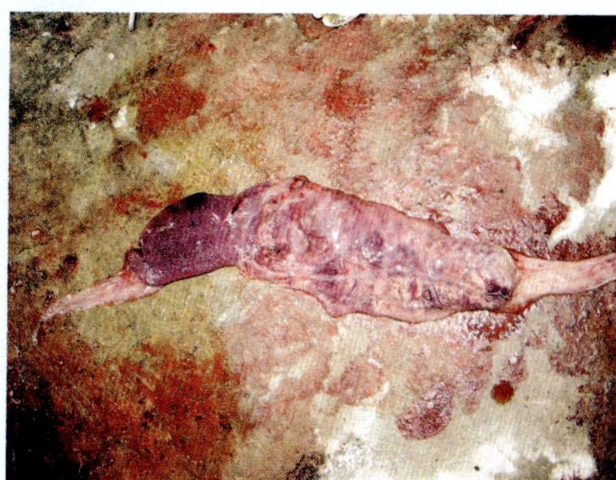

图 4-77　脾脏质脆，触摸易破碎

（七）肾脏变化

部分病死猪肾脏肿大，呈褐色或土黄色，质地较脆或变软，有淤血现象（图 4-78），表面密布针尖至小米粒大小的出血点（图4-79）；部分病猪肾脏切面皮质、髓质以及肾盂、肾乳头严重出血（图4-80）；部分病死猪肾脏苍白并有淤血现象，部分病死猪肾脏变形（图4-81），部分表面凸凹不平。病死猪膀胱普遍膨胀充盈（图4-82），其内的尿液颜色加深，呈茶色（图4-83）。

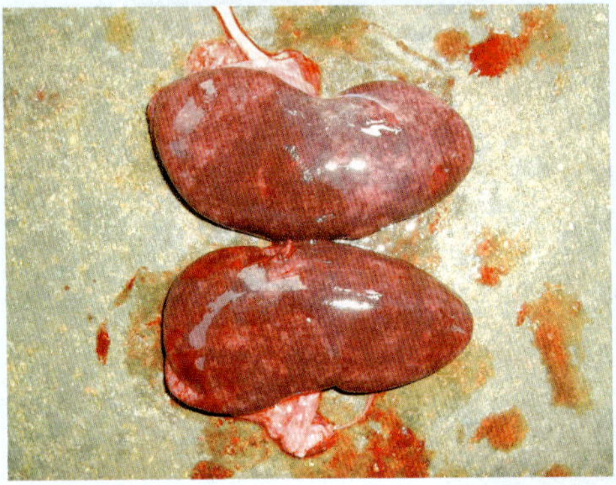

图4-78　部分病死猪肾脏肿大、淤血，呈褐色或土黄色

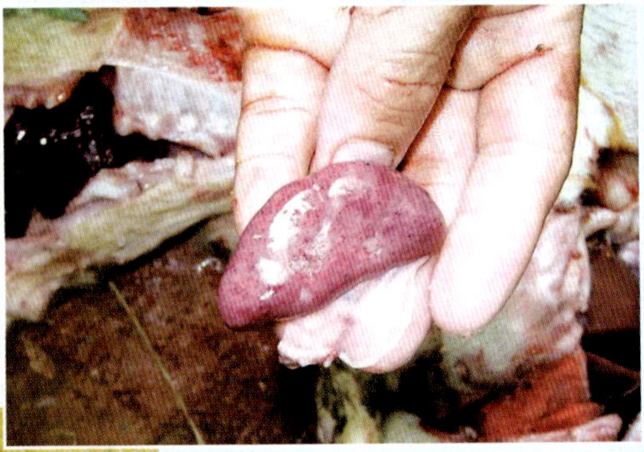

图4-79　肾脏表面有出血点

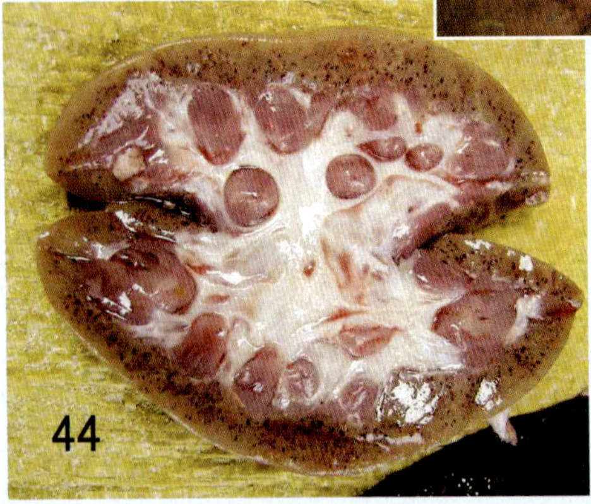

图4-80　肾脏切面皮质、髓质以及肾盂出血

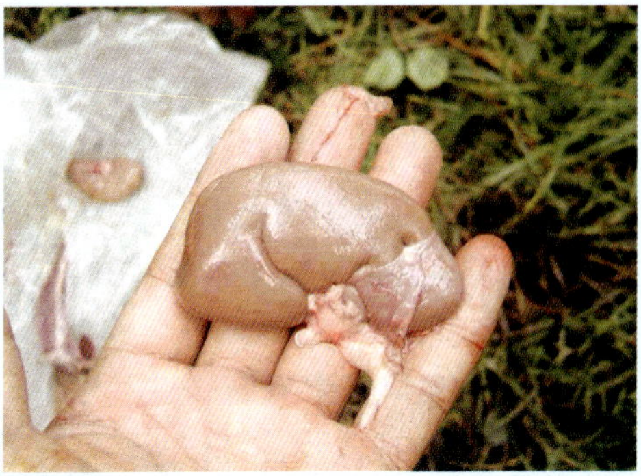

图 4-81　部分病死猪肾脏变形

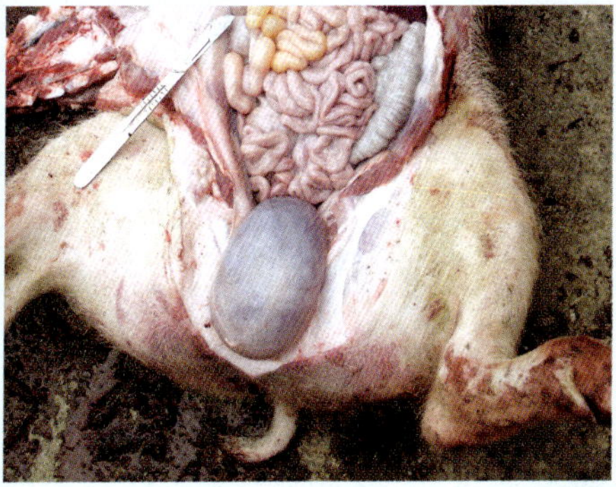

图 4-82　病死猪膀胱普遍膨胀充盈

图 4-83　膀胱内的尿液颜色加深，呈茶色

（八）肝脏变化

部分病死猪肝脏肿胀，颜色变淡（图 4-84），有的肝脏则变硬，呈黄土色，质脆；部分肝脏表面有坏死灶或白斑

（图 4-85），个别肝脏表面有少量纤维素性渗出物；胆囊普遍肿大（图 4-86），胆汁浓稠（图 4-87）。部分病死猪胆囊内壁有出血点或出血斑（图 4-88）。

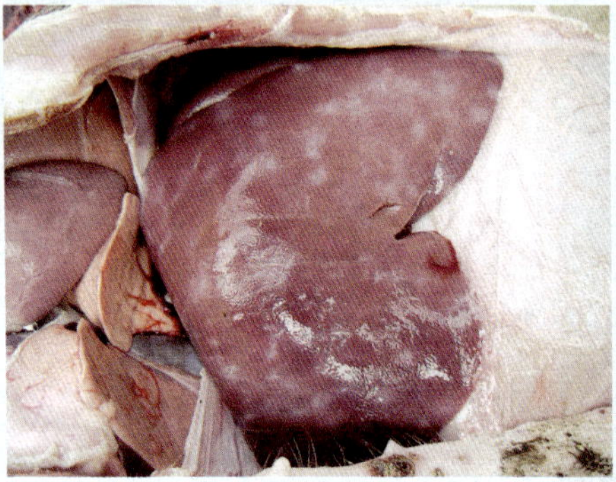

图 4-84　部分病死猪肝脏肿胀，颜色变淡

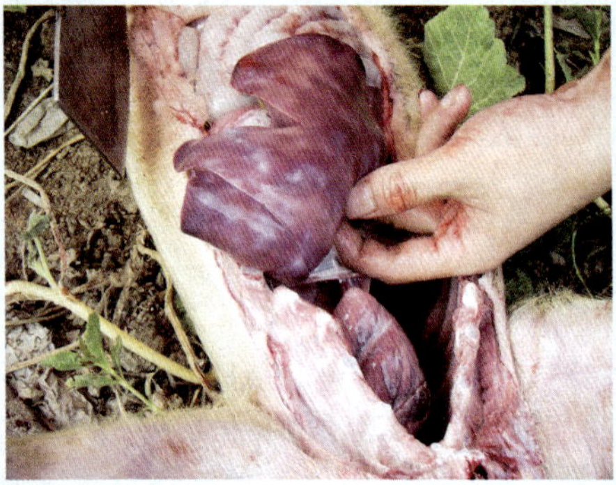

图 4-85　部分病死猪肝脏表面有白斑

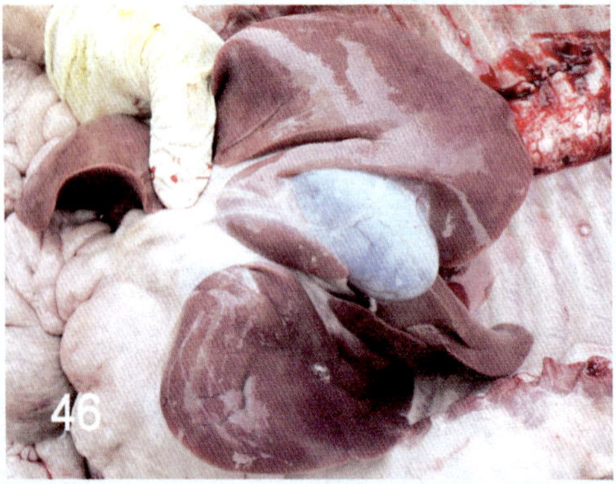

图 4-86　胆囊肿大

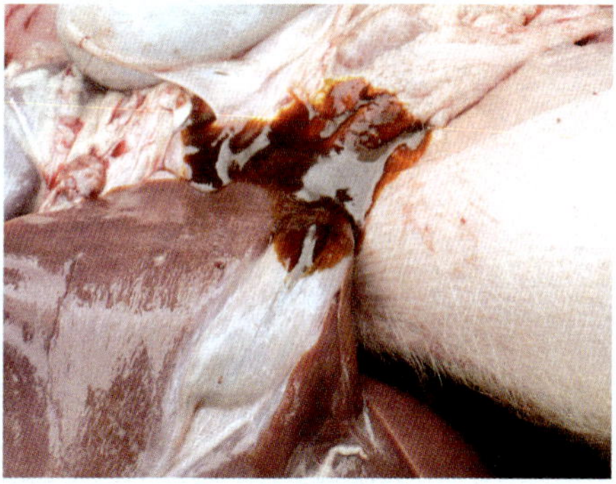

图 4-87　胆汁浓稠

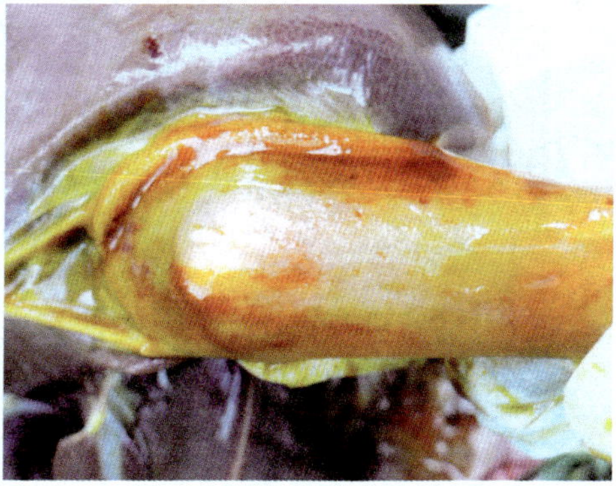

图 4-88　部分病死猪胆囊内壁有出血点

另外，部分病死猪膀胱、肾脏、喉头、心脏壁、心冠状沟脂肪以及心室和心房内外膜有出血点（图 4-89，图 4-90，图 4-91，图 4-92，图 4-93，图 4-94），少部分病死猪心腔内有纤维素性凝血块（图 4-95）。

图 4-89　个别病死猪膀胱有出血点

图 4-90　喉头有出血点

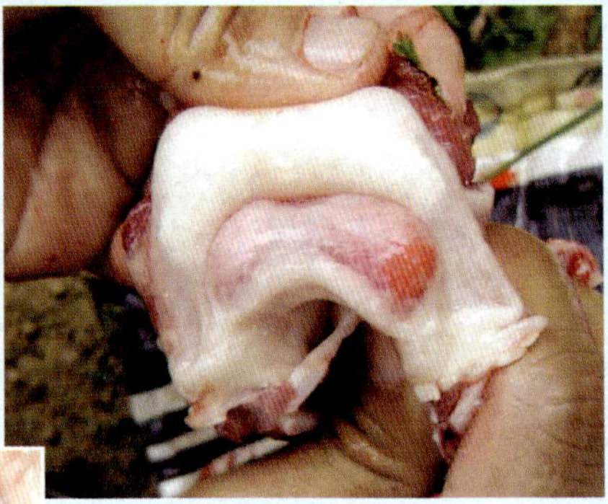

图 4-91　喉头有出血点或出血斑

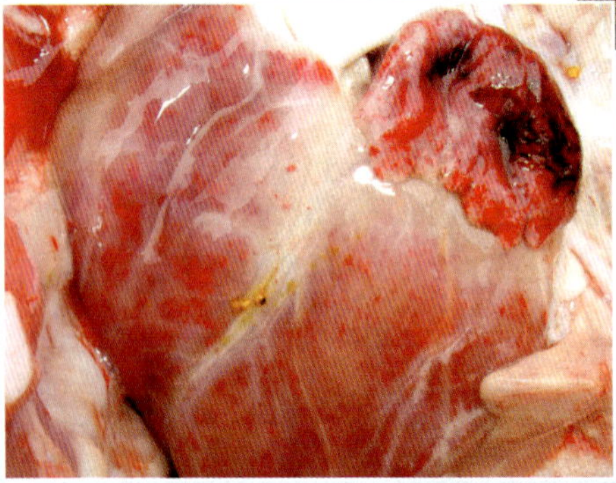

图 4-92　心脏壁有出血点

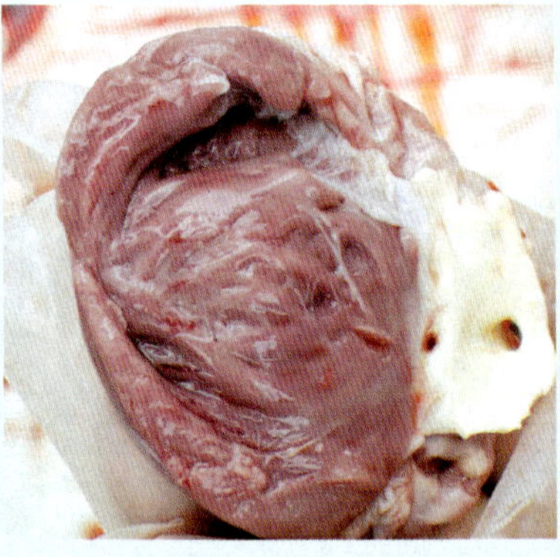

图 4-93　心室、心房内膜出血

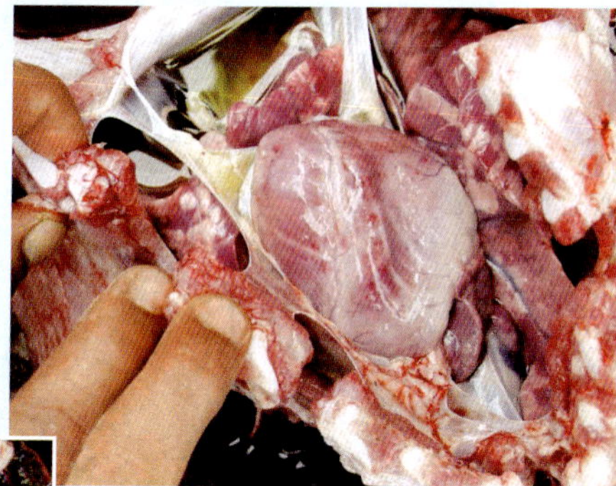

图 4-94　心包膜和心肌有出血点

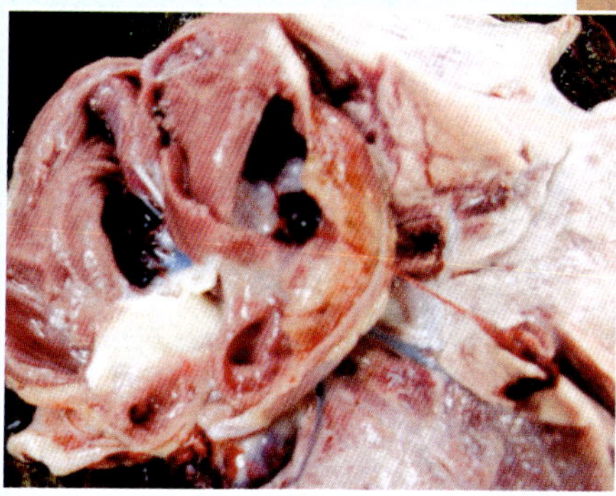

图 4-95　少部分病死猪心腔内有纤维素性凝血块

部分病死猪呈多发性浆液性纤维素性胸膜炎和腹膜炎变化（图 4-96，图 4-97），胸腔、腹腔内有黄色积液或纤维素性渗出物（图 4-98），部分肺浆膜与胸膜或心包纤维素性粘连（图 4-99）。个别心脏肿大、变形，质地柔软，心冠脂肪、心耳有出血点（图 4-100），心包增厚，心包腔内含有污浊液体，并混有少量纤维素性渗出物（图 4-101）。

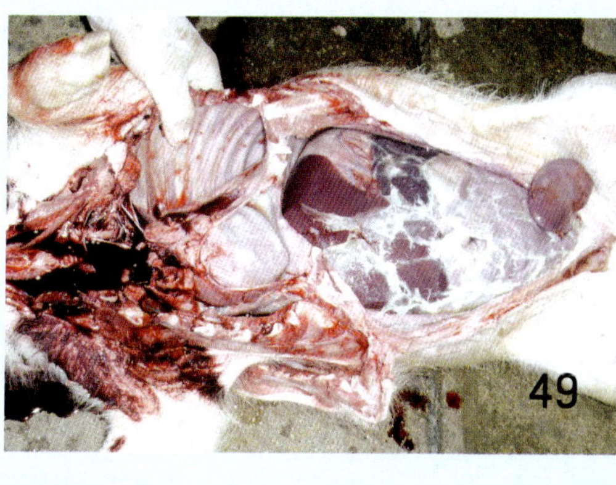

图 4-96　多发性浆液性纤维素性胸膜炎和腹膜炎（1）

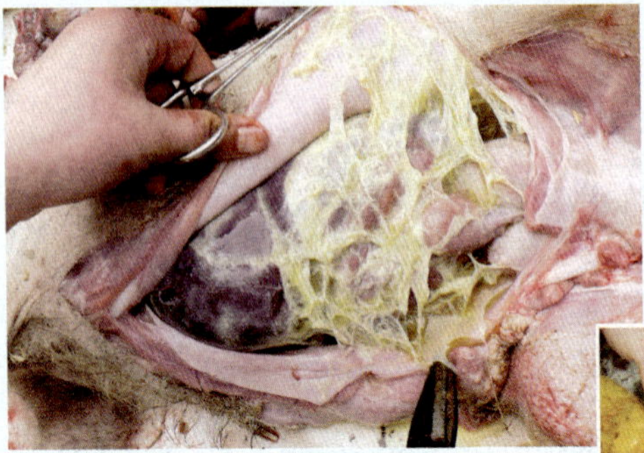

图 4-97　多发性浆液性纤维素性胸膜炎和腹膜炎（2）

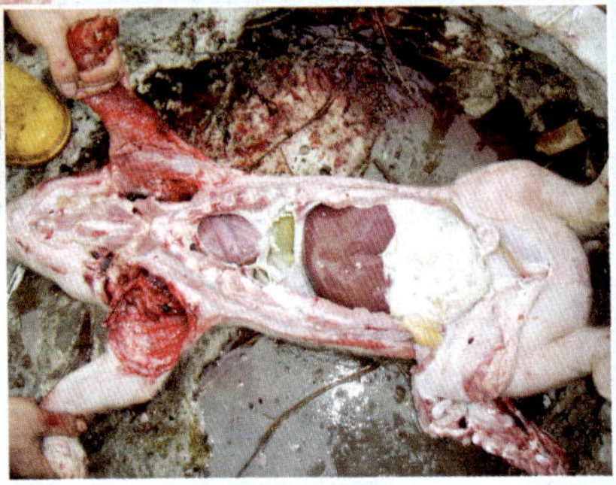

图 4-98　胸腔、腹腔内有黄色积液或纤维素性渗出物

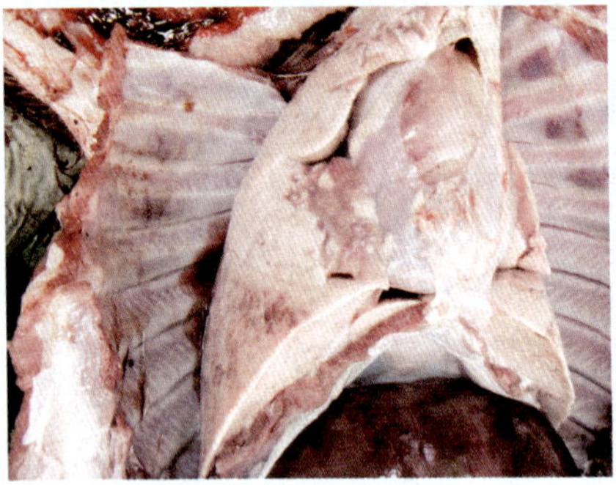

图 4-99　部分病死猪肺浆膜与胸膜或心包纤维素性粘连

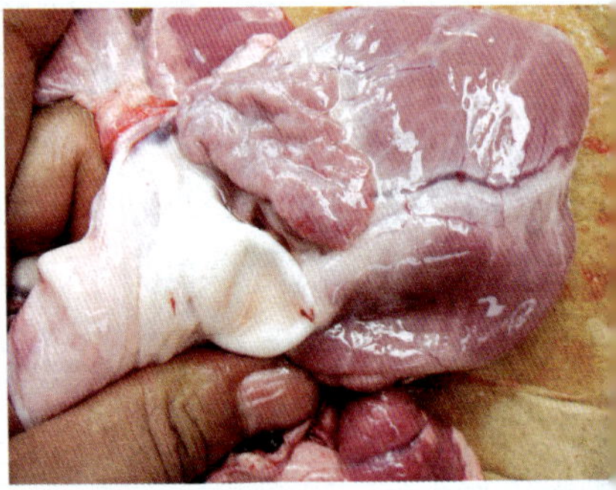

图 4-100　个别病死猪心脏肿大、变形，质地柔软，心冠脂肪、心耳有出血点

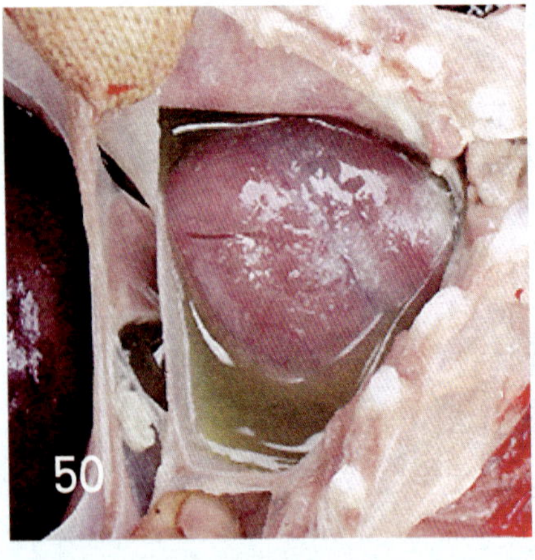

图 4-101　个别病死猪心包增厚，心包腔内含有污浊液体，并混有少量纤维素性渗出物

第五章　猪高热病的诊断

一、临床诊断

（一）诊断指标

1.临床指标　病猪体温明显升高，可达41℃以上，耳部发绀（图5-1）；眼发生结膜炎，眼睑水肿（图5-2）；有咳嗽、气喘等呼吸道症状；部分猪有后躯无力、不能站立或共济失调等神经症状（图5-3）；仔猪发病率可达100%，死亡率可达50%以上，母猪流产率可达30%以上，成年猪也可发病死亡（图5-4）。

图5-1　耳部发绀

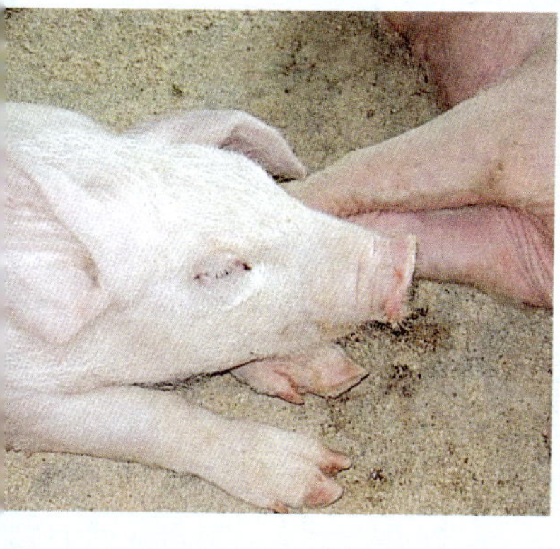

图5-2　眼睑水肿

图 5-3　部分病猪后躯无力

图 5-4　成年猪也可发病死亡

2.病理指标　可见脾脏边缘或表面出现梗死灶（图 5-5），显微镜下可见出血性梗死；肾脏呈土黄色，表面可见针尖至小米粒大的出血点（图 5-6），皮下、扁桃体、心脏、膀胱、肝脏和肠道均可见出血点和出血斑（图 5-7）。显微镜下见肾间质性炎，心脏、肝脏和膀胱出血性、渗出性炎等病变（图 5-8）；部分病例可见胃肠道出血、溃疡、坏死。

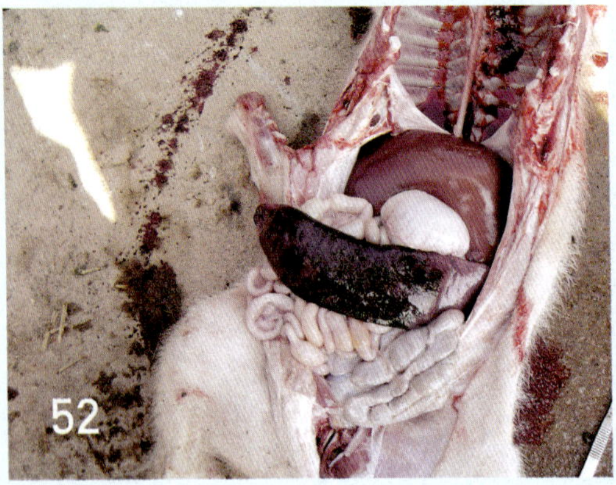

图5-5　脾脏边缘或表面出现梗死灶

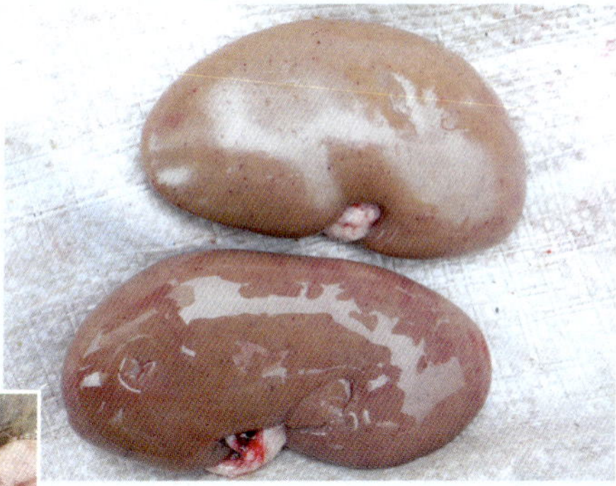

图 5-6　肾脏表面可见针尖至小米粒大的出血点

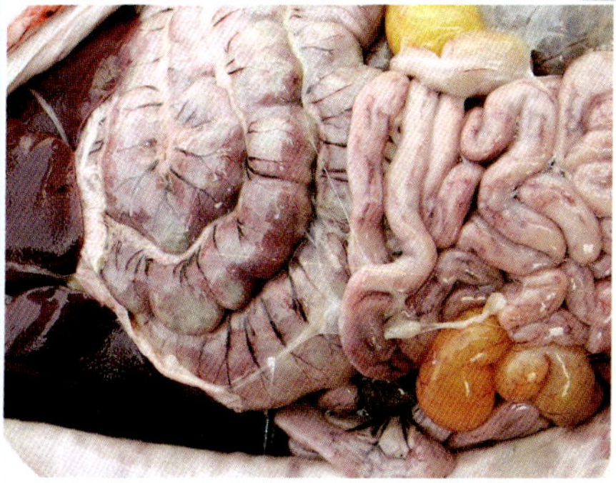

图 5-7　小肠黏膜充血、出血

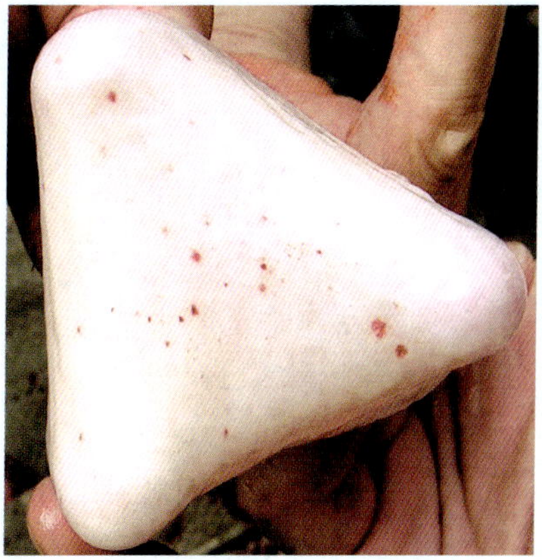

图 5-8　部分病猪膀胱黏膜有出血点

3.病原学指标　高致病性猪蓝耳病病毒分离鉴定阳性，高致病性猪蓝耳病病毒反转录-聚合酶链式反应检测阳性。

（二）疫病判定

通过现场观察临床指标和剖检分析病理指标，初步判定猪群是否疑似高致病性猪蓝耳病。如果判断为疑似高致病性猪蓝耳病，应立即采集肺脏、脑组织等进行实验室检测，如病毒分离鉴定呈阳性或高致病性猪蓝耳病病毒反转录-聚合酶链式反应检测呈阳性，即可确诊猪群已感染高致病性猪蓝耳病病毒（图 5-9）。

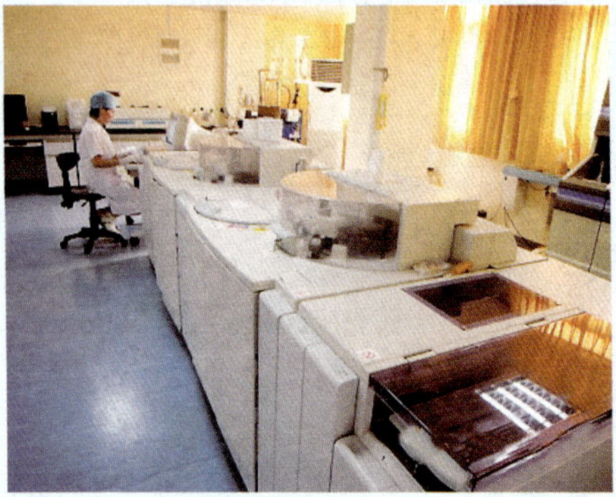

图 5-9　全自动生化分析仪

二、实验室诊断

每个猪场扑杀2～3头有典型症状的病猪（图5-10），分别采集全血、脾脏、肺脏、淋巴结等样品用于检测，任何一个检测项目只要其中有 1 份样品呈阳性，即判定该场为阳性。

猪蓝耳病病毒采用分子生物学诊断方法检测，还可采用基于血清学试验的免疫过氧化物酶细胞单层测定法

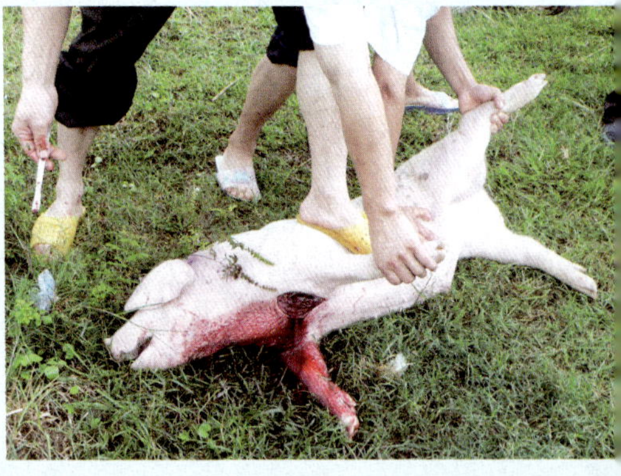

图 5-10　扑杀具有典型症状的病猪

(IPMA)、中和试验（SNO)、间接免疫荧光试验（ILFT）等进行诊断。对于分子生物学诊断，采用扩增Nsp2基因，测序后通过软件进行比较，证实本地的流行株是否在Nsp2处发生缺失或缺失的区域是否与报道的缺失区域相同（图5-11)。

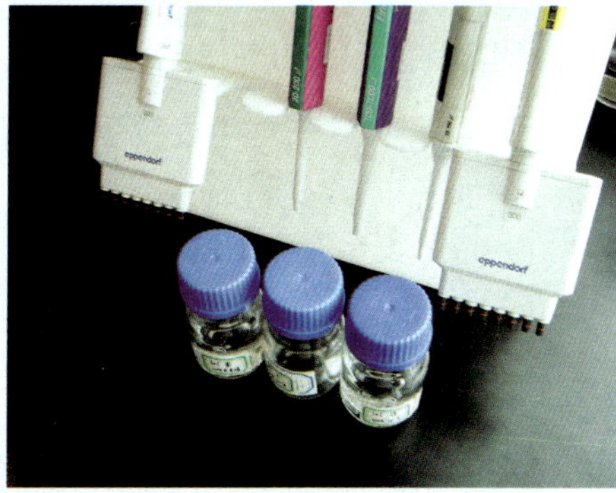

图5-11　分子生物学诊断试剂

根据各地区现场发病情况判断，我国已有的常规疾病，包括猪瘟、猪伪狂犬病、弓形虫病均不可能引起如此大规模的暴发、大区域的流行、极高的发病率和死亡率，而单纯的猪蓝耳病目前感染率很高，但也不可能有这么高的发病率和死亡率。因此，应该存在新的特异性病原的感染，这个特异性病原有可能是现有病毒的变异株或是新出现的病毒。中国动物疫病预防控制中心通过病理学和免疫组化、病毒分离与鉴定、聚合酶链式反应检测、血清学检测、回归本动物、病毒部分基因序列分析等多种方法，证实了猪蓝耳病病毒变异株的存在，并能在Marc-145细胞上连续传代，通过序列分析证实了蓝耳病的病原(NVDC-JXA1株)序列与美洲型(VR-2332株)、欧洲型(LV株)的同源性分别为93.2%～94.2%和63.4%～64.5%，与2002年中国分离株HB-1sh的同源性高达97.1%～98.2%，证明此次高致病性猪蓝耳病不是外来动物疫病。蓝耳病变异株都是在Nsp2基因的相同部位上有30个氨基酸缺失（与猪蓝耳病美洲株标准毒ATCCVR-2332相比）；与经典猪蓝耳病病毒株的 Nsp2 基因同源性高于 99%；用变异的猪蓝耳病病毒培养物回归本动物复制病例成功并分离到病毒，攻毒实验证明毒株毒力明显比以前没有发生变异的毒株要强（图 5-12）。

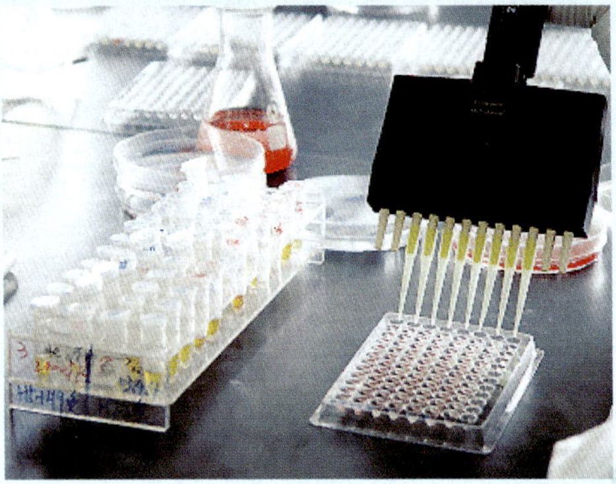

图 5-12　分子生物学诊断方法

综合猪高热病的流行病学特点、临床症状、病理剖检（图 5-13）等情况，确定本病病原主要为高致病性猪蓝耳病病毒，同时继发其他病毒、细菌、支原体属（包括肺炎支原体、附红细胞体）或弓形虫的混合感染。其中病毒以猪瘟病

图 5-13　剖检现场

毒、猪圆环病毒、牛病毒性腹泻-黏膜病病毒、伪狂犬病病毒为主，个别地区存在猪流感病毒的危害；细菌主要为多杀性巴氏杆菌、猪霍乱沙门氏菌、猪副嗜血杆菌、猪链球菌Ⅱ型、猪胸膜肺炎放线杆菌。许多猪场同时存在多种病原，也有个别猪场以2～3种病原为主（图5-14）。

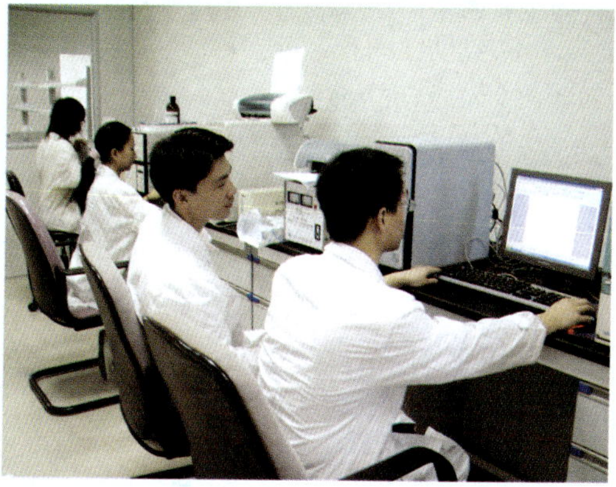

图5-14　综合分析猪高热病病原

第六章　猪高热病的预防与控制

从猪高热病暴发至今，笔者曾到全国各地200多个处于疫区的发病猪场和未发病猪场，为他们控制猪高热病提供协助（图6-1，图6-2）。现将笔者在临床实践中探索出的较为成功的控制方案，参考农业部推荐的免疫程序加以总结，供同行参考。

猪高热病病因复杂，发病猪只一般治疗难度较大，防治上应坚持以预防为主，通过实施切实有效的生物安全措施，从封闭猪场、加强饲养管理，强化消毒工作，提前保健预防，疫苗免疫等方面预防猪高热病的发生。当猪场暴发高热病时，现场控制的重点是尽量使仍为健康的猪只少发病，尽量降低发病率和死亡率，而不是集中精力治疗病猪。

图6-1　笔者深入疫区现场指导

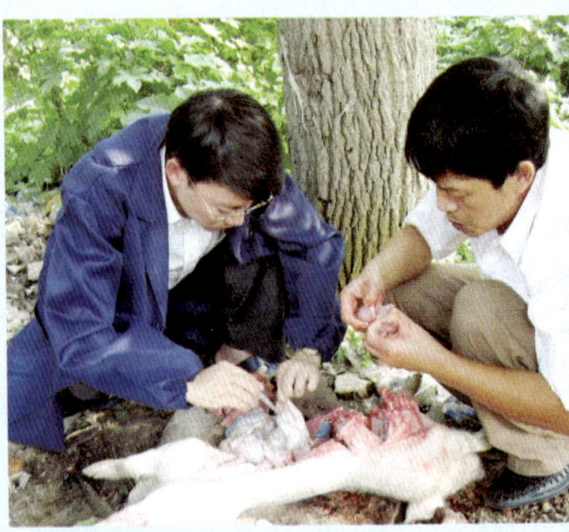

图6-2　笔者在发病猪场剖检病猪

一、疫区内未发病猪场的预防措施

随着经济的发展，畜产品的流通越来越活跃，加之养殖环境严重污染，猪场特别是规模化猪场防疫难度明显提高，面对严峻的形势，猪场应通过建立生物安全体系，采取综合性的预防措施，提高猪群抵抗力，减少猪高热病暴发的机会。

（一）落实各项生物安全措施，全方位封闭猪场

场区门口设置消毒池（图6-3），减少外来人员来往猪场办公区，猪场工作人员必须经淋浴、更衣、换鞋、严格消毒后方可进入生产区（图6-4），禁止任何猪场以外人员进入猪场生产区。

图6-3　场区门口设置消毒池

图6-4　通道喷淋消毒

重点加强对装猪台、人员出入口、污水排出口、物料出入口等容易传入疫病关键地点的管理（图6-5）。特别应引起猪场管理者注意的是，外来运猪车辆最容易将各类病原传播至猪场，装猪台是猪场最容易传入疫病的地方。对外销售的装猪台应设在离生产区较远的地方，使用本场专用运猪汽车或拖拉机将出售的商品猪从生产区装猪台运至场外装猪台出售，猪贩和屠宰人员在任何时候都不得进入装猪台，对外来车辆和装猪台应严格消毒，这是控制疫病最有效的措施（图6-6）。

图6-5　装猪台应保持清洁、卫生

图6-6　装猪台与猪舍距离过近不利于预防疾病

重视环保工作，做好猪场废弃物和污水的处理。

做好灭鼠杀虫工作，蚊、蝇、鼠等是病原体的宿主和携带者，能传播多种传染病和寄生虫病。猪场应定期清除猪舍周围杂物、垃圾和乱草堆等，填平死水坑，并采取杀虫灭鼠的有效措施。

猪场应搞好场内文娱体育设施，尽量减少员工外出的机会，在目前疫情十分复杂的形势下，猪场应严禁任何员工到疫区出差、探亲或办理其他事务；谢绝疫区人员到猪场拜访，外出回场人员经淋浴消毒后，净化2～3天才能进入生产区工作，以全面预防外界病原侵入猪场。

（二）防止引进种猪的同时带入病原

坚持自繁自养原则，在疫病高发时期，暂停从外购入种猪，防止购入疾病隐性感染猪。如果确有必要引进活猪时，必须从没有疫病流行地区的健康种猪场引进种猪，引种前对该批种猪进行全面的血清学检查，特别对猪瘟、布鲁氏菌病、伪狂犬病、蓝耳病、巴氏杆菌病等要高度重视。尽量固定从一个种猪场引种，避免从几个种猪场购买种猪。新引进的种猪在远离生产区的隔离舍饲养观察30～90天（图6-7），严格检疫，确认无任何疫病，并监测猪瘟、口蹄疫抗体情况，经常规免疫注射和驱虫后方可转入生产区栏舍混群饲养（图6-8）。

图6-7　新引进的种猪应隔离观察

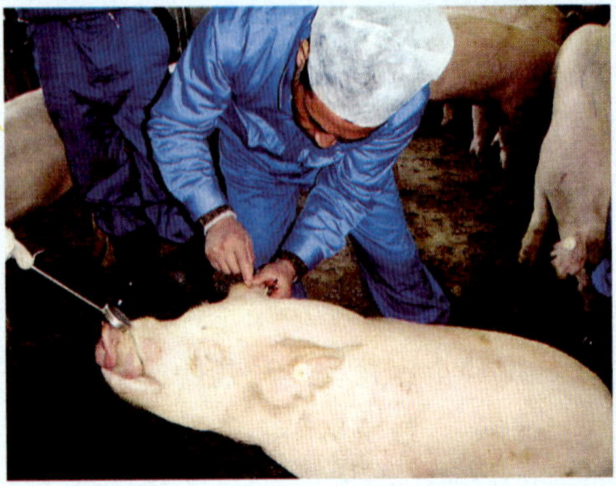

图 6-8　常规免疫注射

（三）高度重视清洁卫生和消毒工作

一方面，通过消毒减少环境中的病毒、细菌、支原体等病原微生物的数量，减轻外界病原对猪群的压力（图 6-9）；另一方面，免疫工作中疫苗效力的充分发挥，也需要清洁卫生、消毒工作为基础。消毒时应选择新型、刺激性较小的高效消毒剂，如以戊二醛、多种结构季铵盐和醇为主要原料的复合醛类消毒剂（图 6-10）。对付病原体时，醇可以除去病毒和细菌外的有机物，多种结构季铵盐能产生加性效应，更容易溶解病毒囊膜、细菌细胞壁和细胞膜，使其失去活性，增加微生物胞膜的通透性，使戊二醛之类的非致癌性醛类容易与病毒的衣壳蛋白结合，使病毒迅速凝固而变性。也可使用有机氯、碘制剂或过氧化物类消毒剂进行消毒。

图 6-9　环境消毒

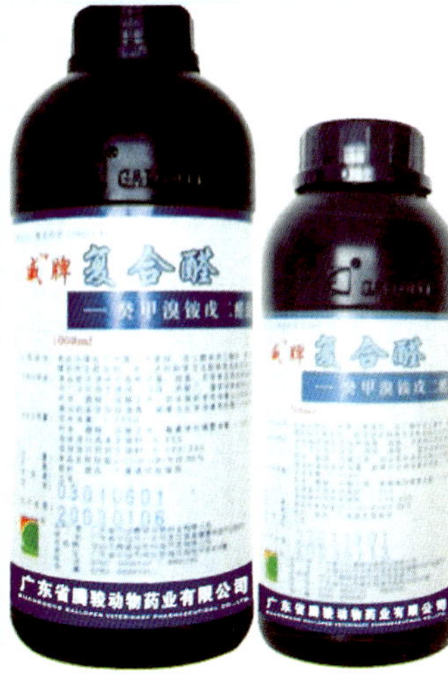

图 6-10　复合醛类消毒剂对病毒有强杀灭作用

消毒时应注意卫生死角、食槽、保温箱等容易忽略的器具，以及装猪台、大门内外值班室、更衣室等场所的消毒，防止疫病从关键地点传进猪场。消毒前必须先进行严格的清洗工作，这样消毒工作才能达到较好效果。在目前疫病形势十分严峻的情况下，消毒工作显得尤为重要（图 6-11）。

图 6-11　消毒工作十分重要

（四）做好免疫工作

免疫接种应遵循病毒性疾病免疫为先的原则，先做好各种病毒性疾病的免疫，再选择当前威胁或感染压力大的细菌性疾病进行免疫。位于疫区内的猪场或发病猪场应结合自身的实际情况，重新制定科学的免疫程序；重点做好猪瘟、高致病性蓝耳病、猪伪狂犬病、巴氏杆菌病、猪副嗜血杆菌病、猪链球菌Ⅱ型、猪传染性萎缩性鼻炎等疫苗的免疫注射工作。

同时，可配合使用免疫增强剂以提高疫苗的免疫效果。大中型猪场应定期采血监测抗体的消长情况，当监测结果不符合要求时，应及时补注疫苗并调整免疫程序，以确保免疫效果（图6-12）。

全国有许多处于疫区的规模化猪场，参照农业部推荐的免疫程序，经笔者建议结合猪场的实际情况，加以调整，配合改善饲养管理、消毒、用药等措施，临床应用预防效果良好。现介绍如下，供参考。

1.商品猪免疫程序　见表6-1。

图6-12　抗体不符合要求应及时补注疫苗

表 6-1　商品猪免疫程序

使用疫苗		免疫时间
猪瘟	在母猪带毒严重，垂直感染引发哺乳仔猪发生猪瘟时	1 日龄接种猪瘟弱毒疫苗（临时免疫建议用细胞苗） 40～60 日龄接种猪瘟弱毒疫苗（建议用兔脾淋疫苗）
	猪瘟危害不大，生产基本正常时	20 日龄接种猪瘟弱毒疫苗（建议用细胞苗） 60 日龄接种猪瘟弱毒疫苗（建议用兔脾淋疫苗）
高致病性猪蓝耳病灭活疫苗		20 日龄
链球菌 II 型疫苗		25 日龄
猪肺疫（A+B 型）疫苗、猪丹毒疫苗（或二联苗）		30 日龄
传染性萎缩性鼻炎灭活疫苗		35 日龄
猪伪狂犬病疫苗		55 日龄
传染性萎缩性鼻炎灭活疫苗		60 日龄
口蹄疫高效浓缩灭活疫苗		65 日龄
猪肺疫（A+B 型）疫苗、猪丹毒疫苗（或二联苗）		70 日龄

2. 种母猪免疫程序　见表 6-2。

表 6-2　种母猪免疫程序

使用疫苗	免疫时间
口蹄疫高效浓缩灭活疫苗	配种前 3～5 天、分娩前 30 天各免疫 1 次
猪瘟弱毒疫苗（建议用兔脾淋疫苗）	初产母猪配种前
高致病性猪蓝耳病灭活疫苗	
猪细小病毒灭活疫苗	
猪伪狂犬病疫苗	
猪瘟弱毒疫苗（建议用兔脾淋疫苗）	经产母猪配种前
猪蓝耳病疫苗	分娩后 6 天
高致病性猪蓝耳病灭活疫苗	妊娠后 60 天

续表 6-2

使用疫苗	免疫时间
猪伪狂犬病疫苗	产前4～6周
大肠杆菌双价基因工程苗	
猪传染性胃肠炎、流行性腹泻（或轮状病毒）二联苗	

3.种公猪免疫程序　见表6-3。

表6-3　种公猪免疫程序

使用疫苗	免疫时间
口蹄疫高效浓缩灭活疫苗	每隔4个月免疫1次
猪瘟弱毒疫苗（建议用兔脾淋疫苗）	每隔6个月免疫1次
高致病性猪蓝耳病灭活疫苗	
猪伪狂犬病疫苗	

4.注射疫苗时应注意的事项

(1)猪瘟　我国现有细胞疫苗、乳兔组织疫苗、牛体组织反应疫苗和兔脾淋疫苗。我国现有的猪瘟疫苗合格标准为150兔体感染量／头份，而欧洲为450单位。试验证明，疫苗产生的中和抗体在体外对不同野毒株的中和作用差异很大，使用时可适当加大3～4倍剂量。猪瘟兔化弱毒乳兔组织苗、成兔脾淋苗免疫原性好，但变态反应大，临床上可用于猪瘟的强化免疫或紧急免疫。猪瘟兔化弱毒牛睾丸细胞苗（简称为猪瘟细胞苗）产生变态反应的几率低，但使用时须加大免疫剂量，建议用于母猪的免疫和仔猪的首次免疫。为减少猪群感染牛病毒性腹泻-黏膜病病毒的机会，应尽量避免使用猪瘟兔化弱毒牛体反应苗或牛睾丸细胞苗。

(2)猪蓝耳病　猪蓝耳病病毒基因序列经常发生变化，

临床上现有疫苗效果不一，是否应免疫蓝耳病争议较大。分子遗传学分析表明，猪蓝耳病病毒的保守氨基酸序列存在于所有的蓝耳病病毒蛋白质中，因而两种病毒间有较宽的交叉免疫保护反应。猪蓝耳病灭活疫苗主要诱导体液免疫，免疫效力有限，但较为安全，适用于母猪、猪蓝耳病较稳定猪或阴性猪场的免疫。猪蓝耳病弱毒疫苗既有体液免疫，又有细胞免疫，免疫力较强，但能经弱毒疫苗引进病毒，如果猪场所使用的疫苗基因序列与某一群体存在的蓝耳病病毒基因序列相似性达到70%～80%时，疫苗会比较有效；如果疫苗的基因序列与本场存在的蓝耳病病毒基因序列不同时，则意味着可能会有一场新的猪蓝耳病到来。繁殖猪群和后备猪群严禁使用活疫苗，母猪应使用灭活疫苗，在分娩后6天和妊娠后60天，分别按2毫升/头剂量免疫1次（图6-13）。

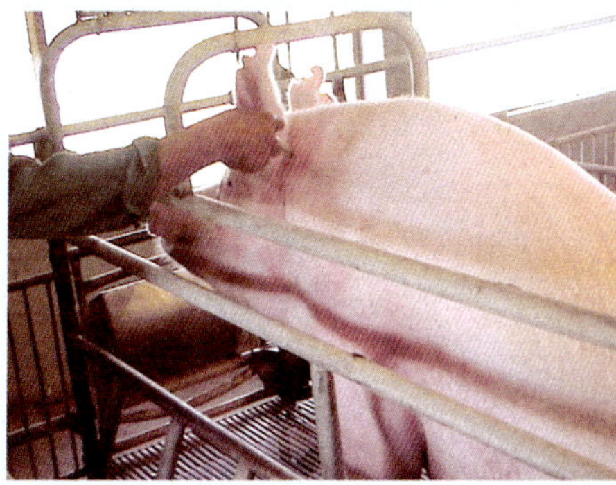

图6-13　使用灭活疫苗免疫母猪

（3）伪狂犬病　母猪产前30天左右注射伪狂犬病疫苗；仔猪在50～60日龄注射1次基因缺失弱毒疫苗；如果断奶仔猪发生呼吸道疾病较为严重，可将伪狂犬病疫苗提前至21日龄注射。

（4）巴氏杆菌病　巴氏杆菌存在A、B、D、E 4个血清群。前几年猪场巴氏杆菌病的病原以B型较为多见，而A型较少见；目前猪场B型少见，而A型巴氏杆菌多见。猪群应在35～50日龄注射猪巴氏杆菌A、B二联弱毒菌苗。已注射猪瘟、猪丹毒、猪肺疫三联苗的，应补注A型猪巴氏杆菌弱毒苗。虽然目前的猪肺疫疫苗保护力不高，但接种疫苗后可以降低猪群的病死率，从而降低生产损失，特别是在夏季和秋季效果更为明显。

(5)传染性萎缩性鼻炎　在母猪产前8周和2周肌内注射含有支气管败血波氏杆菌和纯化的D型巴氏杆菌毒素的猪传染性萎缩性鼻炎疫苗。

(6)猪副嗜血杆菌病　危害较严重的猪场可考虑对猪群进行免疫，由于猪副嗜血杆菌有15个血清型，不同血清型之间的交叉保护非常有限，疫苗的保护作用也仅限于同种血清型的病原菌，可试用猪副嗜血杆菌多价灭活苗进行免疫，在母猪产前30天免疫1次。仔猪7日龄免疫1次，20日龄左右再免疫1次。

另外，每年3～5月份（蚊虫出现前1～2个月），使用流行性乙型脑炎疫苗间隔1个月免疫2次。种猪70日龄前免疫程序同商品猪。

以上程序仅供参考，猪场可根据本地疫病流行情况进行免疫，在接种疫苗的前3天和后4天，饮水中应添加多种维生素或电解多维，减少因猪群应激而造成不必要的损失（图6-14）。

图6-14　猪只接种疫苗前后饮用含有多种维生素或电解多维的饮水

（五）做好药物预防措施

猪场可根据本场实际情况制订保健用药计划，选择预防效果确切、有免疫增强效果的抗生素制剂，如“加康”（微囊化氟甲砜霉素加免疫增强剂）、替米考星等药物，也可使用“安泰”、强力霉素、支原净、爱乐新等产品，采用联合用药的方法，在以下各阶段猪群饲料或饮水中添加，预防混合感染中的细菌病和寄生虫病的发生（图6-15）。

图6-15　于饲料或饮水中添加预防药物

1.哺乳母猪　在母猪分娩前、后各1周的饲料中添加抗生素，减少母猪排出病菌污染分娩舍，切断疾病从母猪到仔猪的水平传播（图6-16）。

2.断奶仔猪　仔猪断奶前1周至断奶后4周于饲料或饮水中添加抗生素，切断仔猪与仔猪间疾病的水平传播。

图6-16　于分娩前、后的母猪饲料中添加抗生素

3.生长育成期　在每次转栏的同时于饲料中开始添加，连用15天。也可在12～13周龄和17～18周龄使用有效药物进行预防，可采用脉冲给药的方式，连用1周，停药1周后，再用药1周，减少用药成本。

另外，如果猪场存在弓形虫病的危害，则应定期在大、中猪饲料中添加磺胺类药物进行净化。在炎热高温的天气或猪群转栏、注射疫苗时，应在饮水中添加水溶性多种维生素或电解质等抗应激药物，尽量降低因应激导致猪群抵抗力下降而发病的机会。

蛔虫、鞭虫等内寄生虫损害机体免疫系统使猪群抵抗力下降，所以配合药物驱虫对控制本病发展有一定意义，应在断奶仔猪转入保育舍2～3周后，选择对体内外寄生虫效果明显的驱虫剂进行驱虫（图6-17）。

图6-17　断奶仔猪应进行药物驱虫

（六）提防饲料中真菌毒素的危害

饲料霉变在猪高热病中起着非常重要的作用，近年来，随着全球气温的升高，玉米等饲料原料真菌污染情况较为严重（图6-18），饲料中的烟曲霉毒素（伏马酸）、呕吐毒素、黄曲霉毒素、玉米赤霉烯酮、单端孢霉烯等真菌毒素含量普遍超标，猪只长期摄入含有真菌毒素的饲料容易引起免疫抑制和代谢紊乱，使机体的免疫功能和抵抗力降低，较容易发生疫病。猪场应尽量采购质量较好的玉米，对怀疑霉变的饲料必须废弃。根据目前饲料原料的实际情况，饲料中应添加真菌毒素处理剂。普通的铝硅酸盐类吸附剂是单极性物质，只能吸附黄曲霉毒素，且会吸附饲料中的营养成分，因此应添加霉消安、脱霉素等能吸附多种真菌毒素的改性硅铝酸盐类吸附剂，保证猪机体免疫系统正常运转（图 6-19）。

图 6-18　发霉的玉米

图 6-19　提防饲料中真菌毒素的危害

（七）为猪群营造良好的饲养环境，配备必要的硬件设施

猪场应尽量从分娩、保育到生长育成均采用“全进全出”的饲养模式或轮换饲养，避免将不同日龄或不同来源的猪混群饲养，减少和降低猪群之间相互接触感染的机会；

尽量减少猪群转栏和混群的次数，做到同一栋猪舍的猪群同时全部转出。在每批猪出栏后，猪舍必须进行严格的冲洗消毒，并空置几天后再转入新的猪群，以切断疾病的传播循环（图6-20）。保育舍最好采用“二段饲养”工艺，仔猪在保育舍饲养3～4周（第一阶段），再转至另外一栋经严格清洗消毒的保育舍继续饲养3周（第二阶段），对控制疫病有较大帮助（图6-21）。

图6-20　每批猪出栏后，猪舍必须进行严格的冲洗消毒

图6-21　健康的保育猪群

高浓度的有害气体不仅促使呼吸道疾病发病率提高，降低猪的生长速度，并且对猪舍设备也有腐蚀作用，降低有害气体浓度的方式是提高通风量和降低饲养密度（图6-22）。猪场应配备或适当增加猪舍通风抽气设备，加大猪舍通风量（图6-23）。北方的猪场应同时配置好保温和整栋猪舍的通风设备，冬天做到每个猪栏小环境保温，整栋猪舍

大环境保温和通风（图6-24），并尽量使猪舍早、晚的温差不要太大。夏天应加大猪舍通风量和采用凉水喷雾等降温措施（图6-25），气温较高时用冷水冲洗猪体或安装喷雾装置，每天喷洒4～6次，通过对流促进蒸发和散热，或将猪舍门窗全部打开，让空气对流。南方地区的分娩、配种、保育猪舍可安装水帘降温系统（图6-26），尽量为猪群营造一个舒适、洁净、安静的小气候环境。

图6-22　通风良好的猪舍

图6-23　加大猪舍通风量

图6-24　猪舍小环境做好保温工作

图 6-25　猪舍喷雾降温

图 6-26　分娩舍的水帘降温系统

分娩、保育、生长育成舍内应配备简易的饮水加药系统，在饮水中添加多种维生素和水溶性抗生素，提高猪群抵抗力（图 6-27）。

图 6-27　饮水加药系统

保育舍和生长育成舍猪栏之间的分隔采用封闭不透风的隔栏，限制不同栏的猪只直接接触（图 6-28）。

图 6-28 猪栏之间采用封闭不透风的隔栏

（八）做好各个环节的饲养管理工作，消除或减少猪场存在的各种应激因素

良好的饲养环境可降低猪群的发病率，通过改善环境条件，减少日夜温差大、频繁转群、并栏混群、高密度饲养、通风不良、针剂注射、频繁免疫、换料过快等应激因素对猪群造成的损害，提高猪群抵抗力。

分娩舍应着重抓好母猪进舍前猪体的消毒工作、初生仔猪及早哺食初乳和饮水开食的正确调教。仔猪应尽量减少寄养，防止疫病交叉感染，如果确实需要寄养，必须在母猪分娩后 24 小时之内完成。

做好仔猪的保温工作，尽量缩小仔猪所处环境的昼夜温差。建议使用含溶菌酶、凝血酶的新型环境调节剂，如腾骏“洁体健”干粉消毒剂等，也可使用密斯陀、境舒宝等，在小猪出生时擦干全身，减少体能消耗，促进断脐时伤口的止血和愈合，减少细菌感染的机会（图6-29）。另外，在仔猪活动区或电热保温板上撒布“洁体健”干粉消毒剂还能起到杀菌、防滑的作用。

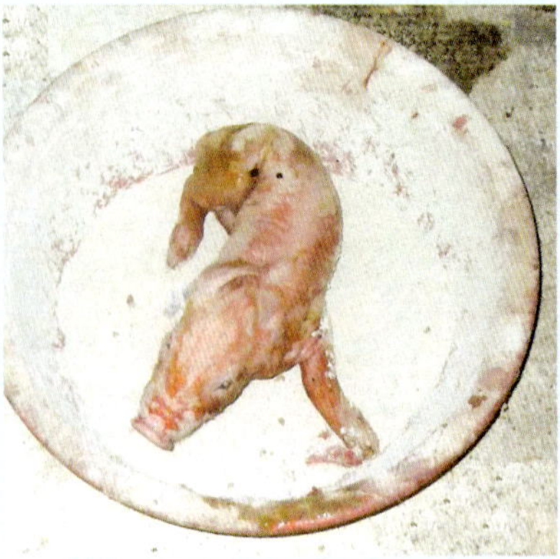

图6-29　使用环境调节剂，减少细菌感染的机会

减少断奶仔猪之间日龄的差异，断奶转至保育舍时应尽量同窝饲养，避免混栏。注意断奶、保育、生长、育成期之间饲料的逐渐过渡。寄养、断奶、转群、并栏、换料都会引起仔猪强烈的应激反应，导致抵抗力下降。日常管理中应尽量缩小断奶日龄差异，避免将不同来源和日龄相差太大的猪只混群饲养，禁止或尽量减少猪群并栏和混群的机会，从哺乳期至保育期坚持使用“洁体健”，使仔猪从哺乳期至保育期都能处在一个熟悉、亲切的嗅觉环境，减少断奶时饲养环境改变带来的强应激。

适当降低饲养密度，建议每头保育舍仔猪有0.4平方米的生活空间，生长舍的猪每头有0.8平方米的生活空间，育成舍的猪每头最好有1.2平方米的生活空间，每栏猪的数量最好在10头左右，保持合理的饲养密度和降温对控制猪高热病和呼吸道疾病有较好的辅助作用（图6-30，图6-31）。

加强种猪运动，加快机体新陈代谢，增强肢蹄结实度和机体抵抗力，降低猪群对疫病的易感性。

图6-30　保持合理的饲养密度

图6-31　饲养密度过高的猪群猪只生长速度缓慢

（九）为猪群提供必需的营养，保证免疫系统的正常运转

饲料营养水平对猪体免疫功能有很大影响，如饲料中缺乏某种维生素或矿物质时，猪体的免疫功能就会降低。美国NRC猪营养标准是猪群正常情况下的营养标准，而目前猪群普遍存在蓝耳病、圆环病毒病等免疫抑制性疾病，猪群饲料中维生素营养水平必须相应提高。全价饲料中的维生素容易被氧化而失效，特别是在夏秋季节，炎热的天气加速了维生素的氧化，加上炎热天气猪群对维生素等营养物质的需求量增加，猪群对疾病的抵抗力普遍降低。猪场应额外在各阶段饲料中添加富含维生素A、维生素D、维生素E、维生素C等成分的多种维生素制剂；在各阶段猪群饲料中添加免疫增强剂，如广东腾骏药业与美国伊利诺斯州

立大学合作研发的高效免疫增强剂“抗疫健”或美国的“巴罗顿”等，补充营养，减少应激，有效提高猪群的抵抗力和抗应激能力，尽量降低因应激导致猪群抵抗力下降而发病的机会（图6-32）。

图6-32　使用免疫增强剂，提高猪群抵抗力

（十）加强联系和沟通工作

经常与上级和当地防检部门联系、沟通，参加行业活动，及时了解疫病的最新动态，及早采取相应措施，防止疫病的传入和发生。

二、暴发猪高热病时的控制措施

发病猪只治疗难度较大，特别是有猪瘟混合感染的病例，病猪几乎没有治疗价值。当猪场暴发猪高热病时，重点是控制混合感染中可能存在的各种细菌、病毒、支原体和弓形虫，减少各种应激。同时，应想办法为病猪补充营养，帮助其逐步康复，尽量降低发病率和死亡率。

（一）健康猪群紧急接种疫苗

发病猪和怀疑已感染疾病的猪群不要接种任何疫苗，否则死亡率会更高。猪场应结合诊断情况，对还没有感染疫

病的健康猪群紧急接种疫苗，先接种高致病性猪蓝耳病灭活疫苗和A型或A+B型巴氏杆菌疫苗，再注射猪瘟乳兔脾淋苗，猪瘟疫苗剂量应加大1～2倍，每种疫苗接种的间隔时间为3天，接种时应严格做到每注射1头猪更换1个针头。由于存在原有病毒的变异毒株或其他不明原因，可考虑在发病第一天迅速采集发病猪的淋巴结、脾脏、肺脏和肾脏等病料送专业机构制作自家组织苗进行预防接种，具体方法是：全场种猪和健康的保育、生长猪全部免疫，种公猪和种母猪6毫升／头，保育和生长猪4～5毫升／头，10天后加强免疫1次；分娩舍哺乳仔猪7～10日龄免疫1次，3毫升／头，14～18日龄进行第二次免疫，4毫升／头。已发病的猪只和怀疑已感染疫病、精神状态不佳的猪群千万不能注射疫苗，否则发病率和死亡率更高，并且母猪流产率也会相应提高。猪场可根据实际情况和生产规模，选择2～3头母猪和10～30头仔猪试接种疫苗，观察5天左右，如果没有任何应激反应和副作用，就可以逐步在全场接种该种疫苗，以防接种疫苗后出现问题而带来不必要的损失（图6-33）。

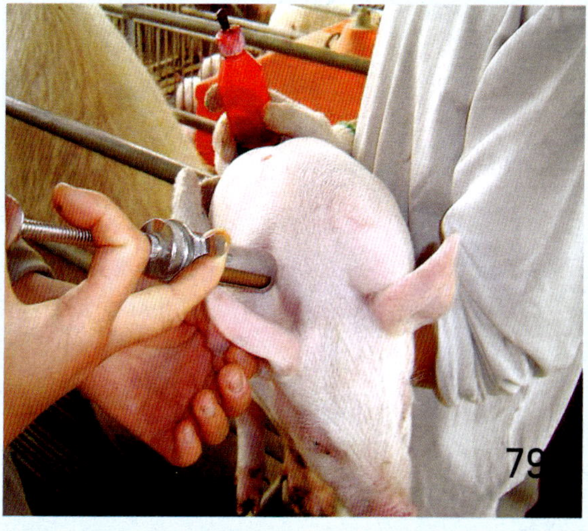

图6-33　紧急接种疫苗

（二）在饲料和饮水中同时使用有效药物进行控制

对健康猪群和部分尚能采食或饮水的病猪在饮水中使用可溶性抗生素，最好选用中西药复方制剂。饲料中添加药物时应使用有免疫增强作用的药物，逐步恢复病猪被病毒抑制的免疫功能，增强猪群抵抗力，达到标本兼治的目的。

可溶性中西药复方制剂配合可溶性多种维生素500毫克/千克、葡萄糖5000毫克/千克、优质奶粉3000毫克/千克（如果病猪体温达到42℃以上，可另加扑热息痛100毫克/千克），5天后剂量适当降低，同时在全群饲料中添加2种抗生素组合，连用2周。例如，使用含有金丝桃素的中西药复方制剂"安泰"进行控制，前5天应增加治疗剂量，每吨饮水使用"安泰"2000克、多种维生素500克、葡萄糖3000克、优质奶粉3000克、扑热息痛100克；5天后适当降低治疗剂量，每吨水用"安泰"1500克、多种维生素500克、葡萄糖3000克、优质奶粉3000克。同时，在全群饲料中添加"加康"600克/吨、替米考星300克/吨、多种维生素500克/吨，或用80%支原净150克、"加康"500克、多种维生素500克，可将药物先用水化开或溶解，再将药液加入饲料中配制成带水湿料（图6-34），连用2周，临床应用效果良好。

怀疑有弓形虫存在时可配合使用磺胺间甲氧嘧啶、甲氧苄氨嘧啶、小苏打进行控制，可采用以下方案连用5～7天。每吨饲料添加"加康"500克、磺胺间甲氧嘧啶300克、甲氧苄氨嘧啶100克、小苏打500克、多种维生素500克，连用2周。使用磺胺类药和抗病毒药物时，应准确把握添加量，避免因大剂量用药导致猪群中毒而使死亡率增高，不要随意

图 6-34　药液加入饲料中配制成带水湿料

超量使用安乃近等治标性质、副作用较大的退热药物，否则会发生因病猪体温下降过快产生应激而突然死亡的现象。

发病猪应精心护理，试使用头孢类、氟甲砜霉素、复方强力霉素的其中一种针剂配合黄芪多糖或清开灵、鱼腥草等注射液进行注射治疗，也可使用干扰素，按100千克体重注射1支，每日1次，连续使用2～3天。同时，在饮水中添加药物和维生素配合治疗，如头孢氨苄霉素按每千克体重20毫克（1克/50千克体重）或头孢噻呋钠按每千克体重40毫克、强力霉素按每千克体重20毫克配合使用大剂量的维生素C（6～20毫升），分别肌内注射，每日3次，连用5天。同时，在饮水中添加可溶性中西药复方制剂、可溶性多种维生素和优质奶粉，减少应激，有一定效果。

怀疑有附红细胞体危害的猪场，有可能是附红细胞体与猪血液鞭毛虫（一种新的猪血液原虫病）的混合感染，可及时用贝尼尔5毫克/千克体重、强力霉素5毫克/千克体重，在不同部位分别注射，每日1次，连用3天，同时每吨饲料中添加阿苯哒唑60克和强力霉素300克，连用15天。

患病母猪可使用鱼腥草50毫升、阿莫西林320万～480万单位，溶入5%糖盐水，耳静脉滴注，每头母猪每日注射

1 500~2 000毫升，同时于饮水中添加可溶性多种维生素和抗生素，缓解高热对母猪的损害。坚持断奶母猪产后注射1次抗生素和缩宫素，也可注射长效土霉素或长效强力霉素，对预防母猪阴道炎和子宫炎有一定的效果（图6-35）。

图6-35　患病母猪耳静脉滴注治疗药物

（三）强化消毒

使用复合醛类消毒剂，配成0.4%溶液进行严格消毒，对疫区和疫区附近外部环境每日进行4~6次严格消毒，10天后可用0.2%溶液消毒，对控制疫病的传播可起到较好的效果（图6-36）。

图6-36　场区强化消毒

（四）血清疗法

如果病猪混合感染猪瘟等病毒性疾病，则治疗效果不佳，可考虑使用痊愈或耐过猪血清（加0.25毫克／毫升恩诺沙星以56℃热处理1小时）、抗猪瘟病毒血清进行控制。具体做法是：使用本场未发病的健康老母猪血清，在仔猪断奶前3～5天，肌内或皮下注射2～3毫升，对预防保育舍仔猪发病有一定效果；对尚未出现临床症状或刚出现症状的猪只可注射康复或耐过猪血清5毫升／头。

（五）使用真菌毒素处理剂

在猪高热病控制过程中如果仍继续使用含有真菌毒素而未经处理的饲料，治疗效果往往不理想。因此，饲料中必须加入足量的真菌毒素处理剂，剂量应为常规剂量的1～2倍。

（六）加强猪群的饲养管理工作

做好猪场夏季防暑降温和冬季防寒保温工作，尽量降低猪群饲养密度，并适当加大猪舍的通风量，提高猪舍空气质量。

（七）改变猪场生产流程

患高热病的病猪一般日龄越小死亡率越高，因此保育仔猪死亡率较高。在保育舍发病严重的猪场，在栏舍周转允许的情况下，改变猪场生产流程，适当延长哺乳时间，仔猪在35天以后断奶，移走母猪后，仔猪继续在原栏饲养15～25天，在做好保温的前提下，直接转入生长猪舍，避开进入保育舍饲养的阶段，可有效降低发病率和死亡率。

（八）无害化处理病死猪尸体和病猪排泄物

养猪场（户）要及时通过深埋、焚烧等无害化方法处理死胎、死猪，病猪和死猪应严禁转移到疫区外食用或做其他用途，粪便和污物应进行无害化处理，污水经严格消毒处理后方可排出。尽量避免猫、狗等动物进出猪场，避免病原传播和向外扩散。

（九）严格控制猪只流动

场内健康猪群应努力做到停止或减少移动，发病期间停止猪只出售，停止从外地购进种猪，以减少疫病传播机会。及时淘汰病重猪只和治疗效果不佳的病猪，病猪污染的场地、用具必须彻底消毒（图 6-37）。

图 6-37　对病猪污染的场地进行彻底消毒

（十）疫点的净化

疫点内最后1头病猪扑杀处理完毕或死亡（痊愈）后14

天以上，猪场不再出现新病例后3周，全场进行1次全面彻底的清洁卫生和消毒工作，对饲养过病猪的猪舍和周围环境，所有工具、食槽以及工作服、鞋等物品，应进行3次以上严格、彻底的消毒，并清理消毒好猪舍的下水沟。猪舍经严格消毒3～5天后，再用生石灰（指示剂）加烧碱水反复刷洗消毒2～3次，经一定时间空置后（起码3周以上），才可以重新投入生产。经当地动物疫病控制机构审验合格，由当地兽医行政管理部门提出申请，由原发布封锁令的人民政府宣布解除封锁。解除封锁后，疫点可以再次饲养生猪。

三、临床控制应注意的问题

在发病严重的猪场，经常出现措施不当等人为因素引起应激而导致死亡率更高的现象。因此，发病猪场在临床控制时，应尽量减少各种应激因素，把握好以下几个关键点，努力降低发病率和死亡率。

（一）应激使死亡率增高

发病猪场经常发生病猪肌内注射疫苗、抗生素、黄芪多糖后，不但未能治愈，反而加速其死亡的现象。因此，应尽量在饮水和饲料中添加药物控制猪病，减少肌内注射，以免引起应激使死亡率上升。临床观察发现，治疗用药时从饮水和混饲同时给药比肌内注射死亡率低。如确需肌内注射时，应提前在饮水中添加多种维生素和抗生素，连用5～7天，减少因注射产生应激导致死亡的现象。清洁猪栏时不要用凉水直接冲洗发病猪只，以免引起体温升高病猪应激而加速其死亡（图6-38）。

图 6-38　不要用凉水直接冲洗发病猪只

（二）早用药和冲击量用药

及早使用药物进行控制，用药前期（3～5天）剂量必须适当增加（冲击量用药），避免低剂量治疗，临床上亚治疗水平剂量治疗往往没有效果。

（三）治疗用药应注意标本兼治

猪高热病是免疫抑制性疾病，应使用有免疫增强作用的药物，逐步恢复病猪被病毒抑制的免疫功能，增强猪群抵抗力，达到标本兼治的目的。

（四）控制和治疗用药应避免与日常预防保健用药相同

例如，猪场日常保健用氟甲砜霉素与阿莫西林组合时，控制和治疗组合可调整为氟甲砜霉素加替米考星或磺胺间甲氧嘧啶、强力霉素等。

（五）不要随意超量使用安乃近等治标性质、副作用较大的退热药物

否则会发生因病猪体温下降过快产生应激而突然死亡的现象。使用磺胺类药物和抗病毒药物时，应准确把

握添加量，避免因大剂量用药导致猪群中毒而使死亡率增高。

（六）治疗时注意更换针头

注射治疗时应严格做到每注射1头猪更换1个针头，不然会使疫病传播得更快（图6-39）。

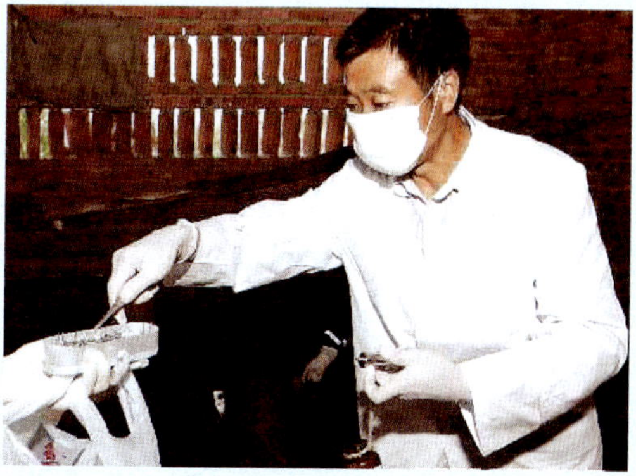

图6-39 每注射1头猪更换1个针头

（七）发病猪和怀疑已感染疾病的猪群不要接种任何疫苗

以免因注射引起应激而使病猪死亡率增高。

（八）暂时调整生产流程

在栏舍周转允许、气温较高的情况下，将保育舍内未发病的猪提前转入生长舍饲养，可有效降低发病率。

四、对猪高热病的反思和建议

猪高热病使我国许多地区养猪业遭受严重打击，养猪同行蒙受巨大的经济损失，我们应从此次猪高热病中反省、检讨，吸取教训、总结经验，努力提高防控疫病的管理水平和猪场防疫水平。

我国动物防疫体系较为薄弱，对动物疫病的监测、预警和防控严重滞后。在各地疫情暴发时，新闻媒体比防疫机构知道得还早，了解得还清楚，常常是新闻媒体曝光在前，防疫机构动作在后。我国已建立公开透明的动物疫情公布制度，在发生疫情时，职能部门应尽快通报疫情发生和发展的动态，集中技术力量，商议控制对策，并及时派出专家组，指导各地的预防和控制工作，使各猪场能及时了解疫情的动态，及早做好预防措施，减少不必要的损失。

《中华人民共和国动物防疫法》等法律、法规中，虽然对病畜、疫病的处理已有明确的规定，但涉及国家赔偿制度的配套措施至今尚未出台，造成在实施上操作很难到位，不能及时解决养殖场（户）因病畜扑杀造成的经济损失，疫区的许多发病猪场和养殖户为了减少自身损失，冒险转移、贱卖患病猪只，甚至将病猪跨地区长途贩运，有些地方随意丢弃病死猪的现象十分严重，从而引起病原大面积的扩散和污染。在我国国力已逐步强盛的今天，建议国家有关部门在借鉴国外赔偿制度的基础上，尽快制定出与我国具体国情相结合的赔偿制度和法律、法规。

面对日益复杂的疫病，构建科学有效的猪场生物安全体系迫在眉睫。本次猪高热病从另一个方面检阅了我国猪场总体的防疫水平，位于疫区的广东、湖南、浙江、福建等省部分实施严格防疫措施的大型规模化猪场经受住了猪高热病的考验，到目前仍没有暴发猪高热病的迹象。因此，猪场必须从硬件和软件两方面进一步完善各项防疫措施，提高保健意识，才能确保猪场的防疫安全。

在本次疫病暴发期间，现场和实验室诊断经常出现“盲人摸象”的结果，许多技术人员凭现场经验或仅靠实验室检测就做出判断，对复杂的混合感染往往只做出1～2种疾病的片面诊断，结果造成治疗或预防措施无效。

从现场剖检来看，猪高热病除继发猪瘟等病毒因素外，多杀性巴氏杆菌、猪副嗜血杆菌、链球菌Ⅱ型、猪霍乱沙门氏菌、猪胸膜肺炎放线杆菌、弓形虫等细菌和寄生虫混合感染是引起断奶仔猪、生长肥育猪和部分哺乳仔猪死亡率升高的主要原因。

由于自2005年9月份以来猪价一直处于低谷，很多养殖场（户）为了降低成本而忽视了药物保健和真菌毒素的危害，导致疫病暴发时细菌性疾病危害严重，真菌毒素使猪群抵抗力降低，疫苗注射效果不佳，因而提前使用效果确切的抗生素制剂进行预防，是降低发病率的有效方法。

饲养管理不善是导致本次疫病损失严重的主要原因之一，疫区中许多饲养管理水平较高的猪场即使暴发猪高热病，发病率和死亡率均较低。饲料营养（维生素、微量元素）、真菌毒素的危害、猪场保健意识、猪舍通风程度和控温能力、猪群饲养密度、生产模式、消毒工作重视程度和科学的实施能力等方面对本病的发病率和死亡率起着关键的作用。笔者多年的实践经验证明，猪场的饲养管理水平应该是决定猪场发病率的主要因素（图6-40）。

猪场管理人员和技术人员的素质是猪场防疫水平高低的决定性因素，在发生猪高热病等复杂疫病时，及时采取科学有效的控制措施，是控制疫病蔓延、降低发病率和死

图 6-40　饲养管理水平决定猪场发病率的高低

亡率的关键。许多猪场采取改善环境管理、加强维生素营养、强化免疫以及添加效果较好的抗菌药物、加强消毒等综合性防控措施，取得了较好的效果。

也有很多发病猪场采取了紧急接种蓝耳病疫苗、猪瘟兔脾淋苗等措施，不但没能起到较好的效果，有的反而使猪群发病率和死亡率上升，其原因可能是猪场已存在的蓝耳病和猪圆环病毒的感染，以及饲料中的真菌毒素使猪体免疫器官受损，机体抵抗力下降。因而在未发病的日常管理中应做好免疫，重视猪群饲料质量和营养状况。

目前，有些厂家生产的猪瘟疫苗质量不稳定，有的厂家没有正式的猪瘟疫苗生产批文，甚至采用套批文号的形式进行疫苗的生产和销售，经常出现由于抗原含量低，污染牛病毒性腹泻-黏膜病病毒等病原体，或因运输、贮藏不当使疫苗效价下降或失效而导致猪场免疫失败，导致临床上出现典型的猪瘟症状和病理变化。因此，选用优质的猪瘟疫苗，注意疫苗保存、运输和使用过程的科学性是提高猪瘟免疫效果的关键。建议政府部门加大对生物制品企业的监管力度，确保猪场使用的各类疫苗质量可靠，发挥应有的效果。

政府有关部门应进一步加大对进口肉类、血浆、血球蛋白粉、肠膜蛋白粉、肉骨粉等同源性饲料的监管力度，有效防止国外疫区的肉类产品、同源性蛋白饲料通过走私渠道进入国内，密切留意包括非洲猪瘟、尼帕病毒病等国内外疫情的动态。进一步提高对疫病的检测和诊断能力，及时采取得力措施，强化流通环节的动物防疫监督工作，防止疫病的发生、传播和扩散。

面对蓝耳病病毒的复杂性和经常性变异等问题以及可能存在的未确诊病毒，特别是在广泛存在免疫抑制性疾病的情况下，如何有效控制猪瘟免疫失败造成的危害，仍有待有关部门做进一步的研究。

参 考 文 献

[1] 陈健雄．猪高热病的流行特点及防制措施[A].中国猪业发展大会暨中国畜牧业协会猪业分会第二届会员代表大会论文集[C]，2007

[2] 陈健雄.猪夏季无名高热的发生与防制[J].养猪，2006（3）：31～32

[3] 陈健雄.发生猪高热病如何控制[J].养猪，2006(6)：25～26

[4] 陈健雄.猪场保健与猪病实用控制技术[M].北京：台海出版社，2004

[5] 陈健雄.工厂化猪场控制呼吸道病的技术措施[J].养猪，2003（2）：39～41

[6] 陈健雄.猪呼吸道疾病综合征(PRDC)的综合防治[J].肉品卫生，2004（10）：16～17

[7] 卫秀余，余红梅，李维红.40个发生“夏季无名高热症”猪场的病原体检测[J].猪业科学，2006（7）：60～61

[8] 蔡雪辉，李艳华，刘永刚.PRRS疫苗研究进展及PRRS的综合防制[J].畜牧兽医科技信息，2004（4）：49～50

[9] 谢印乾，沈志强，王桂花，等.猪繁殖与呼吸综合征免疫学研究进展[J].动物医学进展，2006（6）：6～10